风景园林设计与绿化建设研究

张红英　靳凤玲　秦光霞◎著

四川科学技术出版社

图书在版编目（CIP）数据

风景园林设计与绿化建设研究 / 张红英，靳凤玲，
秦光霞著 . -- 成都：四川科学技术出版社，2022.10
ISBN 978-7-5727-0740-7

Ⅰ . ①风… Ⅱ . ①张… ②靳… ③秦… Ⅲ . ①园林设
计②园林—绿化 Ⅳ . ① TU986.2 ② S73

中国版本图书馆 CIP 数据核字（2022）第 195611 号

风景园林设计与绿化建设研究
FENGJING YUANLIN SHEJI YU LÜHUA JIANSHE YANJIU

著　者	张红英　靳凤玲　秦光霞
出 品 人	程佳月
责任编辑	张湉湉
助理编辑	朱　光　魏晓涵
封面设计	星辰创意
责任出版	欧晓春
出版发行	四川科学技术出版社

成都市锦江区三色路 238 号 邮政编码 610023

官方微博 http://weibo.com/sckjcbs

官方微信公众号 sckjcbs

传真 028-86361756

成品尺寸	170 mm×240 mm
印　张	8.75
字　数	173 千
印　刷	天津市天玺印务有限公司
版　次	2022 年 10 月第 1 版
印　次	2023 年 3 月第 1 次印刷
定　价	65.00 元

ISBN 978-7-5727-0740-7

邮　购：成都市锦江区三色路 238 号新华之星 A 座 25 层　邮政编码：610023
电　话：028-86361770

前　　言

　　近年来，随着国民经济的飞速发展和人们生活水平的逐步提高，人们对环境和精神的需求也越来越高。提倡人与自然和谐统一，建立人与自然相融合的人居环境已成为社会的发展趋势，而这一趋势也促使园林建设事业蓬勃发展。园林，作为我国传统文化艺术的综合体，犹如一面镜子，最能反映出当前社会的环境需求和精神文化的需求，也是城市发展的重要基础，是现代城市进步的重要象征。

　　在城市化进程逐渐加快的今天，公园、绿化广场、生态廊道、市郊风景区等游憩境域已然成为城市的现代标志，成为提升城市环境质量、改善生活品质和满足文化追求的必然途径。园林设计应用艺术和技术手段将自然、建筑和人类活动融会贯通，达到和谐完美、生态良好、景色如画之境界，改善人们的居住环境，净化区域空气，人与环境、环境中各要素的和谐。

　　一项优秀的园林工程应致力于保护和利用自然景观和人文景观，创造景观优美、生态稳定、反映时代经济文化特色和可持续发展的人居环境。绿化建设在构建良好的人居环境中发挥着重要作用。

　　风景园林的绿化建设需要借助植物。绿化植物如乔木、灌木、草本、点缀了环境，以其斑斓的色彩和优美的姿态吸引着人们，增加了观赏性，大大丰富了景观。它们还可改善环境、净化空气、减弱噪声、调节气候等功能，用于道路交通方面，合理分布的绿化植物分隔与组织交通，诱导视线增强了行车安全。不同质感及不同颜色的植物，让人们拥有了一个质感丰富且色彩缤纷的生活空间。

　　遵循一定的客观规律对空间进行规划设计，带给人们视觉和心灵上的享受，园林景观的休闲、观赏的价值也会增加，从而提高城市居民的幸福指数。

CONTENTS 目 录

第一章 绪 论

第一节 风景园林的基本认识

一、风景园林的含义

（一）传统园林内涵

1. 园林的含义

园林是以地形地貌和水体、建筑构筑物和道路、植物、动物等为素材，通过改造地形、种植树木花草、营造建筑和布置园路等途径创作而成的自然环境和游憩境域，根据功能要求、经济技术条件、艺术布局等方面综合组成的统一体。"园林"一词，见于西晋及以后诗文中，如西晋张翰《杂诗》有"暮春和气应，白日照园林"一句；北魏杨玄之《洛阳伽蓝记》评述司农少卿张伦的住宅时说："园林山池之美，诸王莫及。"唐宋以后，"园林"一词的应用更加广泛，常用以泛指以上各种游憩境域。由此可见，传统园林受到传统文化的影响颇深，是传统文化中的一种艺术形式。[①]

随着社会历史和人类知识的发展，园林的概念也是变化各异的，不同历史发展阶段有着不同的内容和适用范围，不同国家和地区的界定也不完全一样。历史上，园林在中国古籍里根据不同的性质也称作园、囿、亭、庭园、园池、山池、池馆、别业、山庄等。同时，园林因内容和形式的不同用过不同的名称。中国殷周时期和西亚稍后的亚述帝国，以畜养禽兽供狩猎和游赏的境域称为囿和猎苑。中国秦汉时期供帝王游憩的境域称为苑或宫苑；属官署或私人的称为园、园池、宅园、别业等。英美等国则称之为 Garden、Park、Landscape-Garden。它们的性质、规模虽不完全一样，但都具有一个共同的特点，即在一定的地段范围内，利用并改造天然山水地貌或者人为地开辟山水地貌，结合植物配景和建筑布置，构成一个供人们观赏、游憩、居住的环境。

许多人认为园林只是指与植物相关的景观营造，现在，这个认识并不能完全概括园林包含的内容。园林虽然包括庭园、宅园、小游园、花园、公园、植物园、动物园等，但是随着园林学科的发展，还包括森林公园、广场、街道、风景名胜区、

---

① 陈晓刚. 风景园林规划设计原理 [M]. 北京：中国建材工业出版社，2020.

自然保护区或国家公园的游览区以及休养胜地。因此，现代园林所包括的范围是如此的广泛，除了亭台楼阁、花草树木、雕塑小品，还有各种新型材料、废物利用等。园林在造景上必须是美的，要在视觉上有形象美。相较而言，绿地就不一定必须有形象美。所以园林可以成为美的景观，而绿地就不一定能成为美的景观。园林还必须是一种艺术品。什么是艺术品？艺术品是一种储存"爱"的信息的载体，"园林"是一种代表城市精神文明、储存爱的信息，以植物造景为主的重要艺术品，它也可成为代表城市精神面貌的重要"市标"之一。随着社会经济文化的发展，传统的"造园学"被赋予了更多生态学的内涵，形成了新的景观设计学体系。

2. 园林组成

我国传统园林是由山、水、花木、建筑四个重要部分组成的。此外，还有起点睛之笔作用的匾额、楹联、刻石。对这些基本要素的分析和理解是至关重要的，是造园与赏园的核心因素。

（1）筑山

我国古典园林中的"山"多为假山。为表现自然，叠山是造园最主要的元素之一。在堆积章法和构图上，要体现天然山岳的构成规律及风貌，尽量减少人工拼叠的痕迹。因此，成功的假山是真山的抽象化、典型化的缩写，是在咫尺山林内展现出的千岩万壑。

（2）理水

园林中的各种水体，是对自然界中河湖、溪涧、泉瀑、渊潭的艺术概括。理水是按水体运动的规律，经人为抽象概括，再现自然的水景。水是园林中的血液，为万物生长之本。水景组织要顺其自然，水面处理要分聚得当，水体要流通灵活。

（3）建筑

建筑是园林艺术的重要组成部分，其美学与观赏价值远远超过本身的价值，由此可见独具风格的园林建筑规划设计和创新思想的结合的重要性。我国古代园林建筑集观、行、居、游等多功能于一体，建筑虽然是景观上的重要标志，但不是越多越好，越高大越好，而是以少胜多、以小胜大。园林在构景上应精心设计，并和自然环境相适应，使建筑融于山水园林之中。建筑系列主要有厅堂、馆轩、亭台、楼、阁、榭舫、廊桥、房斋等，在园林建筑中主题鲜明、形式多样，创造了建筑融于自然和表现自然的和谐。

（4）植物

植被以树木为主调，不讲究成行排列，也不以多取胜，往往三株五株，或丛集，或孤立，或片状，或带形。物种选择要有地方特色，既有独特个性，又适应区域的生态条件还要科学选材。强调花木的多样性，并注重物种和群落的自然配合，提倡物种的多变和不对称的均衡。生物自然生长有不同的生态变化，应突出植物本身不同季节的景观特色。总之，设计要顺应自然规律，适宜地方气候，取自然之理，得自然之趣，通过改造提炼，使人们身处园林便能联想到大自然风华繁茂的生态环境。

花木主要具有主景、衬景、地方特色和季节性特点，花木可单独构成景色画面，进一步点明主题，也可以形成围合密集的空间；花木种植要考虑时令变化，使园林景观四季不同，花木是对比的参照物，不同季节的花木，可组织环境各异的道路；花木作陪衬景，则疏密相间、高低错落、色调相宜，作为陪衬各种园林要素的普遍素材，可以与建筑、山水相结合，使景物构图生动、层次丰富；花木选择的要求是造型美、颜色美、气味美，易引来昆虫和飞禽，同时应以地方特色为主，选择土生土长的成活率高、生长快、适应性强的花木；花木不仅美化环境，更重要的是体现园林主人所追求的意境。

（5）匾额、楹联、刻石

匾额和楹联是书法艺术和雕刻艺术完美结合的产物，是我国古代园林独到的造园要素，它渗透着语言的思想性和文学性，蕴含着创作者的思想感情、道德情操和艺术追求，精辟地概括了园林景致的意境，起到了画龙点睛的作用，具有很强的实用性和社会价值。园林中的匾额主要用于题刻园名、景名、颂人、写事等，多悬挂在厅堂、楼阁、馆轩、亭斋等处。楹联是门两侧柱上的竖牌，多置于厅堂、馆轩等楹柱上。楹联和匾额不仅能帮助人们赏景，而且其本身也是艺术珍品，具有很高的审美价值。石刻包括摩崖石刻、岩画、石碑、经幢等。我国古代园林刻石多为园林历史的记载、景物景致的题咏、名人逸事的源流、诗赋画图的表达等，是一部园林史和美学史书，同时还是园林景观的重要组成部分。

我国传统造园艺术确实具有迷人的魅力。不管是谁，只要身临其境都或多或少地为其所感染。而今，东西方文化交流日益频繁，相互之间的影响越来越深，造园时纯粹古典形式的中式园林已经较少了。你也许看不到长廊侵雨、有亭翼然的场面，领略不到"留得残荷听雨声"的意境，但是它的一些精髓却留了下来。"虚实相生，以虚为主"追求建筑与自然的融洽统一，重视空间问题，空间意象往往还有象征性、模糊性和抽象意义。而这些现代意义上的概念，早就出现在我国传统中式园林的营建过程中，为世人所惊叹，并逐渐地运用在所谓的现代风景园林之中。

（二）风景园林的含义

风景园林是综合利用科学和艺术手段营造人类美好的室外生活境域的一个行业和一门学科。人类自有史以来，一直在自然环境中开创自己的生活，因此人类很早就已经开始了对自然环境改造的行为。在农业时代，人类顺应自然环境，促进农业生产；从工业时代开始，人类改造自然能力大大增强，从而可以在大尺度范围内改造自然环境；而随着后工业时代的到来，环境问题日益得到重视，进而提出了生态规划思想。纵观风景园林学科的发展历程,有两大因素在期间起到了重要的推动作用,即人与自然环境的关系和新技术的运用。

1. 不同阶段的风景园林

在农业文明时期,自然环境是人类活动的限制因素,在很大程度上决定了人类的生活方式,因此对自然环境的改造往往表达了人类对天人合一思想的追求。由于地球上环境的空间分异和农业活动对自然的适应,出现了以再现自然美为宗旨的园林风格的空间分异和不同的审美标准,包括西方自然式的田园风光和中国园林的诗情画意。但不论差异如何,都是以自然美为特征的,相近时代出现的圆明园和凡尔赛宫便是典型。

工业革命源于英国而盛于美国。大工业生产不仅极大地增强了人类改造自然的能力,而且使人类的活动范围大大扩展。城市成为自然环境中最突兀的人工景观,越来越多的人生活在城市这样的人工环境中,而非过去的自然环境。因此,聚居在城市中的人们需要一个身心再生的空间,而最能发挥这种身心再生功能的园林空间便是农业时代舒展的牧场式风景,从而产生了以公园和休闲绿地为创作对象的公园式景观。纽约中央公园就是其中的杰出代表。

后工业时代,人类与自然环境的关系再次发生了改变。随着工业化和城市化发展达到高潮,公园绿地已不足以改善城市的环境,自然环境对人类活动的约束力在人类文明面前越来越弱小,而人类也日益感受到工业文明对环境的破坏,保护环境的呼声日益高涨。因此,园林专业的服务对象不再限于某一群人的身心健康和再生,而是人类作为一个物种的生存和延续。在此背景下,风景园林学和生态学的结合成为历史发展的必然选择。

纵观园林专业发展的三个阶段,每一阶段都与特定的社会发展需要相适应,从模拟自然的田园山水到城市里的公园绿地,再到大地综合体,风景园林的发展一直与人类活动密切相关。因此,当今风景园林的主要关注点为受人类活动影响的自然环境,而风景园林师也将继续为创造美好的人居环境而努力。

2. 现代风景园林

现代风景园林指后来由西方传入的,有别于中国原有的传统造园形式,主要采用与现代建筑相匹配的对称和几何形状等方式,以注重理性和科学分析为特征,以现代城市广场、道路、公园和居民住宅小区等现代建筑为服务对象,讲究人工改造的造园理论和实践。随着时代的发展,小区建筑多为钢筋混凝土结构,外立面现代简洁,仿欧式小区也完全不同于中国古典园林建筑,通过传统园林手法的适当运用,小区园林意境有了新的延伸与体现。园林中的意境可以借助于山水、建筑、植物、山石、道路等来体现,其中园林植物是意境创作的主要素材,园林植物产生的意境有其独特的优势,它可以不受各种设计风格的影响发挥作用。这不仅因为园林植物有自然优美的姿态、丰富的色彩、沁人的芳香，而且园林植物是具有生命的活机体，是人们感情的寄托。居住区园林的名贵树木的栽植，不仅是为了绿化环境，还要具有观赏性。

二、风景园林的特征

园林是有生命的，欣赏园林本质上是一种追求愉悦的纯粹精神活动。园林的本质可以说是自然的人化和人的自然化。那么，也可以说园林文化的基本线索——使自然人化和使人自然化。风景园林的本质特点，就在于它的综合性。

与中国风景园林的综合性相对比，西方则更注重自然性，例如，英国园林比较朴实，早期大多数是具有草原牧地风光的风景园，其特点是发挥和表现自然美，追求田野情趣，植物自然式种植，种类繁多，色彩丰富，常以花卉为主题，用小型建筑点缀装饰。同时运用了对自然地理和植物生态的研究成果，把园林建立在生物科学的基础上，营造了各种不同的自然景观，在此基础上发展了以某一风景为主题的专类园，如岩石园、水景园、蔷薇园、杜鹃园、百合园、芍药园等，这种专类园对自然风景有高度的艺术表现力，对造园艺术的发展有一定的影响力。中国风景园林和西方园林不同，在此笔者重点论述中国传统风景园林的特征。

（一）小中见大的空间效果

"小中见大"的创作手法，应用在我国源远流长的古代园林文化艺术中，其体现是将全园划分景区、水面的设置、游览路线的逶迤曲折以及楼廊的装饰等都是"小中见大"的空间表现形式。"大"和"小"是相对的，现代较大的园林空间的景观分区以及较小的园林空间中景观的浓缩，都是"小中见大"的空间表现形式和造园手法。关键是"假自然之景，创山水真趣，得园林意境"。园林中的"小中见大"是指通过欣赏具体的园林景观，获得的直接视觉感受和从视觉感受中产生的意境和思绪。

（二）布局流畅

传统园林常是由局部来构成完整的整体。局部求精，并能够化零为整，表现得更为精致。中国传统园林的布局和整个园林的内容、形式、工程技术和文化艺术融为一体，遵循起、承、转、合的章法，使景观异步异景，也对场地的缺陷进行良好的弥补。用地广阔者不显空乏，狭小者不显拥蔟，狭长者不显冗长，扁阔者不显短浅。

（三）植物造景

在现代园林设计中，遵从适地适树原则，尽量选择乡土树种，尽量贴近自然保持生物多样性，同时园林植物要与周围环境相协调，利用生态学原理，合理选择植物种类，精心配置，充分利用自然形和几何形的植物进行构图，通过平面与立面的变化，造成抽象的图形美与色彩美，形成高质量的绿化景观，使作品具有精致的效果。

（四）抽象性、寓意性

具有意境，求神似而不求形似。没有脱离具体物象，也不脱离群众的审美情趣，把中国园林中的山石、瀑布、流水等自然界景物抽象化，使它带有较强的规律性和较浓的装饰性，在寓意性方面延续中国古典园林的传统。

（五）渐进的空间组织

中国传统园林多建造在人工性的城市环境之中，需要在人工与"自然"之间营造出一系列过渡性空间，动静结合、虚实对比、承上启下、循序渐进、引人入胜、渐入佳境的空间组织手法和空间的曲折变化，常常将园林整体分隔成许多不同形状、不同尺度和不同个性的空间，并且将形成空间的诸多要素糅合在一起，参差交错、互相掩映，将自然山水、人文景观等分割成若干片段，分别表现，使人看到的空间的局部，似乎是没有尽头的。过渡、渐变、层次、隐喻等西方现代园林的表现手法，在中国传统园林中同样得到完美运用。

实际上，现代国际风景园林设计大师无不从前人的理论与实践中吸取了大量的设计理念与灵感。就中国传统园林而言，有许多极富现代意义的理念和手法值得现代风景园林师去继承和发扬。因此，深入了解传统风景园林造园特点，借鉴中国传统园林设计手法，营造具有深刻内涵和本土特色的风景园林作品，对于发展中国现代风景园林具有极大的意义。

三、风景园林的作用及重要性

（一）风景园林的作用

1.风景园林对城市的作用

第一，园林景观艺术有利于改良城市人们的生活程度和生活环境，有利于城市的可持续性发展，对维护城市的生态环境具有重要的意义。人们的居住环境中，良好的园林景观不仅可以优化一个乡村及一座城市的外表形象，而且对防风沙，保持水土，吸附灰尘，降低噪声，吸纳有毒物体、有毒物质，调节气候和维护生态平衡，增进居民身心健康都有作用。

第二，园林景观艺术对城市的影响首先体现在视觉上。园林景观艺术主要是通过对植物群落、水体、园林建筑、地形等要素的塑造来达到良好的视觉效果；通过营造人性化的、符合人类运动习惯的空间环境，从而营造出怡人的、舒适的、安适的景观环境。

第三，绿化植物是现代城市园林景观艺术建设的主体，它具有美化环境的作用。植物给予人们的美感效应，是通过植物固有的颜色、姿势、风度等个性特点和群体景观效应所体现出来的。一条街道如果没有绿色植物的装饰，无论两侧的建筑多么富有创意，也会显得缺少生气。同样，一座设施奢华的居住小区，要有绿地和树木的烘托才能显得活力盎然。许多景致精美的城市，不仅有精美的自然地貌和宏伟的建筑群体，园林绿化的景观也对城市面貌起着决定性的作用。

第四，人们对于植物的美感，随着时期、观者的角度和文化素养水平的不同而有差异。光、气温、风、雨、霜、雪等自然因子作用于植物，使植物呈现朝夕不同、四季各异、千变万化的风景样貌，给人们带来一个丰富多彩的景观。

2. 园林植物的生态效应

（1）净化空气

园林植物可以起到净化空气的作用，它能吸滞烟灰和粉尘，吸收有害气体，吸收二氧化碳并放出氧气，这些都对净化空气起了很好的作用。空气是人类赖以生存的物质，是生命所需主要的外环境因素之一。一个成年人每天平均吸入 15 ～ 20 m³ 的空气，同时释放出相应量的二氧化碳。为了维持平衡，生态系统需要不断地消耗二氧化碳释放出氧气，这个循环主要靠植物来完成。植物的光合作用，能大量接收二氧化碳并放出氧气。其呼吸作用虽也放出二氧化碳，但是植物白天的光合作用所制造的氧比呼吸作用所耗费的氧多 20 倍。一位城市居民只要有 10 m² 的植物绿地面积，就可以吸收其呼出的全部二氧化碳。实际上，加上城市生产建设所产生的二氧化碳，城市每人必须有 30 ～ 40 m² 的绿地面积。

绿色植物被称为"生物过滤器"，对于一定浓度范畴内的有害气体，植物有一定的吸收和净化作用。工业生产产生许多污染环境的有害气体，最多的是二氧化硫，其他主要有氟化氢、氮氧化物、氯化氢、一氧化碳、臭氧，以及汞、铅的气体等。这些气体对人类伤害很大，对植物也有害。测试证明，绿地上的空气中有害气体浓度低于未绿化地域的有害气体浓度。

城市空气中含有大量尘埃、油烟、碳粒等。这些烟灰和粉尘降低了太阳的照明度和辐射强度；而且污染了的空气使人们的呼吸系统受到损害，导致各种呼吸道疾病的发病率提高。植物构成的绿色空间对烟尘和粉尘有明显的拦阻、过滤和吸附作用。据国外的研讨材料介绍，公园能过滤掉大气中 80% 的污染物，林荫道的树木能过滤掉 70% 的污染物，树木的叶面、枝干能拦阻空中的微粒，即使在冬天，落叶树也仍然有 60% 的过滤效果。

（2）净化水体

城市水体污染源主要有工业废水、生活污水、降水径流所携带的地表污物等。工业废水和生活污水在城市中多通过管道排出，较易集中处置和净化。而大气降水，形成地表径流，冲洗和带走了大批地表污物，其成分和水的流向难以控制，许多则渗入土壤，持续污染地下水。许多水生植物和沼生植物对净化城市污水有明显作用。例如，在种有芦苇的水池中，其水中的悬浮物减少 30%，氯化物减少 90%，有机氮减少 60%，磷酸盐减少 20%，氨减少 66%。另外，草地可以滞留许多有害的金属，接收地表污物；树木的根系可以接收水中的溶解质，减少其在水中的含量。

（3）净化土壤

植物的地下根系能接收大批有害物质而具有净化土壤的功能。有植物根系散布的土壤，好气性细菌比没有根系散布的土壤多几百倍至几千倍，故能促使土壤中的有机物迅速无机化。既净化了土壤，又增添了肥力。草坪是城市土壤净化的主要地被物，城市中一切裸露的土地，在种植草坪后，不仅可以改良地上的环境，也能改良地下的土壤条件。

（4）树木的杀菌作用

空气中散布着各种微生物，不少是对人体有害的病菌，直接影响人们的身体健康。绿色植物可以减少空气中细菌的数量，其中一个主要的原因是许多植物的芽、叶、花粉能分泌出具有杀死细菌、真菌和原生动物功能的挥发物质，称为杀菌素。城市中绿化区域与没有绿化的街道相比，每立方米空气中的含菌量要减少 85% 以上。

3. 园林植物的心理功效上的影响

植物对人类有着一定的心理功效。随着科学的发展，人们不断深化对这一功效的认识。在德国，公园绿地被称为"绿色医生"。在城市中使人沉着的绿色和蓝色较少，而使人兴奋和活泼的红色、黄色在增多。而，绿地的光线可以使人们在心理上感到安静。绿色使人觉得舒适，能调节人的神经系统。植物的各种色彩对光线的接收和反射不同，青草和树木的青色、绿色能接收强光中对眼睛有害的紫外线。植物对光的反射中，青色反射 36%，绿色反射 47%，对人的神经系统、大脑皮层和眼睛的视网膜比较合适。如果在室内外有花草树木繁茂的绿空间，就可缓解视觉疲劳。

4. 园林植物群落的物理功效上的影响

（1）改良城市小气候

小气候主要指地层表面属性的差别所造成的局部地域气象。其影响因素除太阳辐射和气温外，直接随作用层的狭隘处所属性而转移，如地形、植被、水面等，特别是植被，对地表温度和小区域气象的影响尤大。夏季人们在公园或树林中会觉得清凉舒适，这是因为太阳照到树冠上时，有 30% ~ 70% 的太阳辐射热被吸收。树木的蒸腾作用需要吸收大量热能，从而使公园绿地上空的温度下降。另外，由于树冠遮挡了直射阳光，使树下的光照量只有树冠外的 1/5，从而给休憩者创造了安适的环境。草坪也有较好的降温功能，当夏季城市气温为 27.5℃时，草地表面温度为 22℃ ~ 24.5℃，比裸露地面低 6℃ ~ 7℃。到了冬季，绿地里的树木能降低 20% 的风速，使绿地的气温不至于降得过低，起到保温作用。

园林绿地中有着很多花草树木，它们的叶表面积比其所占地面积要大得多。由于植物的生理机能，植物蒸腾大量的水分，增加了大气的湿度。这给人们的生产、生活创造了凉快、舒适的气象环境。

绿地在安静无风时，还能增进气流交流。由于林地和绿化地域能降低气温，而城市中建筑和铺装道、路广场在吸收太阳辐射后表面增热，使绿地与无绿地区域之间产生温差，形成垂直环流，使在无风的气象条件下形成微风。因此，合理的绿化布局可改良城市通风及环境卫生状态。

（2）降低噪声

噪声是声波的一种，正是由于这种声波引起空气质点振动，使大气压产生快速的起伏，这种起伏越大，声音听起来越响。噪声也是一种环境污染，对人产生不良影响。研究证明，植树绿化对噪声具有接收和消解的作用，可以削弱噪声的强度。其削弱噪声的原理是噪声波被树叶向各个方向不规则反射而使声音削弱；另一方面是由于噪声波造成树叶产生微振而消耗声波能量。

（3）避难

在地震多发的城市，为防止灾害，城市绿地能有效地防灾避难。1923年9月，日本关东发生大地震时，引起大火灾，公园绿地成为居民的避难场所。1976年7月我国唐山大地震时，北京有15处公园绿地，总面积大于4 km²，疏散居民20多万人。树木绿地具有防火及阻挡火灾蔓延的作用。不同树种具有不同的耐火性，针叶树种比阔叶树种耐火性要弱。阔叶树的树叶自燃临界温度能达到455℃，有着较强的耐火能力。

总之，园林景观表现是以植物为主体，结合水体、园林建筑小品和地形等要素营造出人性化的、色彩斑斓的、空气清新的、安详舒适的环境，从而改善了城市人们的生活环境，提高了人们的生活质量，对维持城市环境的生态平衡具有重要的作用。

（二）风景园林对城市设计的影响

1. 中国风景园林对城市设计的影响

城市是由自然生态系统和人工生态系统共同作用而形成的复合系统，风景园林自古以来在城市设计实践活动中就起到不可估量的作用。尤其从19世纪后半期开始，风景园林实践扩展到广阔的社会和大地环境的背景中，对改善城市环境和促进城市社会发展产生了极其深远的影响。

中国古典风景园林在道家思想的影响下，比较重视"意"，即园林所表达的情感与意义。它强调运用多种园林要素：自然界的花木、水、生物等自然要素，建筑物等人造物以及因二者呼应所产生的天、地、人和谐统一的美学境界。这一风景园林的设计方法对中国古典园林与现代城市设计产生的影响体现在设计的立意与布局上，无论是中国古代城市设计，还是现代城市设计，都以"经营位置"为主要原则，空间及各种设计要素的相互关系成为设计的最基本和具有决定性的因素。

中国的风景园林重视空间的层次、延伸与渗透，强调通过有限的空间设计达到层次与空间更为丰富的效果。因此，古典园林更多地利用场地与周围环境、内部空间与外部空间相互作用的空间关系。因此，我国城市的设计者们都运用了相似的手法，使其设计既能反映城市设计本身的意境，又能使城市整体的功能和环境得到统一，从而使城市空间和园林空间相互渗透，边界感消失。同时，风景园林中重视空间延伸的设计思想对城市设计也产生了深刻影响。当前城市设计中重视空间分隔以满足不同城市居民的行为和心理需求的设计就源于此。

2. 外国风景园林对城市设计的影响

德国风景园林对城市设计的影响体现在德国将园林与城市设计、城市发展规划相结合等方面。以慕尼黑联邦园林展为例，可持续发展目标贯穿各阶段规划的始终。瑞姆机场旧址因展览成为有生命力的新社区，其中设置了商贸区、居住区和绿色开放空间。在这一展览中，风景园林设计不仅关注园林的表达，更注重风景园林与未来城镇和社区发展规划的适应性。德国园林展规划往往结合城市开发的需要，各级政府和区域根据园林展提出的申请进行联合开发并提供支持。各园林展请求支持的主要领域包括：受污染区域的生态延续性研究、土质改良计划、洪水控制研究、生态环境保护研究、公共交通运输建设、配套文化设施、公共运动、娱乐场所配套等方面。园林展的设计即是对城市重新规划的过程，设计中增加了城市的绿地空间，扩展了本地区城市公众的精神文化和休闲度假活动空间。德国未来园林展还对风景园林规划区域联合进行了尝试，对实现跨城市地区、跨生态环境区、跨国家的整体风景园林规划进行了尝试，为未来城市发展中形成共同协调发展的大社区、提高城市国际化程度提供了有益资料。

澳大利亚是风景园林对城市设计影响较大的国家。园林城市堪培拉，由美国芝加哥风景园林师瓦尔特·伯利·格里芬于 1912 年设计，它的城市建筑分散地隐蔽在森林之中，具有浓郁的乡野气息。设计师充分利用了城市周围的自然山峦和水体，运用绿色开放式设计理念，对城市空间进行灵活的、开放的设计，在反映出澳大利亚国土辽远开阔的地理特征的同时，又结合居住在城市中的人群对空间的动态体验和感受，考虑到室外空间尺度的不断变化，使优美的自然环境与人工建筑相互渗透，给城市中的人们创造适宜生活的环境以及可以让人们从不同视点欣赏的美丽景观。

第二节　风景园林设计的基础理论

一、环境行为心理学

环境行为心理学是研究环境与人的心理和行为之间的关系的一门应用型社会心

理学,又称"人类生态学"或"生态心理学"。这里所说的环境虽然也包括社会环境,但主要是指物理环境,包括噪声、拥挤程度、空气质量、温度、建筑设计、个人空间、园林景观等。著名心理学家班杜拉认为:"人的行为因素与环境因素之间存在着互相连接、互相作用的关系。"环境可以被理解为周边的情况,而对身处环境中的人来说,环境可以被理解为能对人的行为产生某种影响的外界事物。心理学主要是研究人的认识、情感、意志等心理过程及能力、性格等方面的学科。在人与环境共存的空间中,人类改变了环境,人类的行为和认识也被环境所改变。这里所说的环境主要指物理环境,它包括自然环境与人文环境两个方面,主要应用在心理学、建筑学与环境科学等学科的研究中。环境的尺度关系包含在其物理性质中,也从多方面受到尺度的影响,进而使环境中的人形成不同的心理感受。[①]

(一)人的基本需要

风景园林所研究的对象以外部空间设计为主。由于人是一切空间活动的主体,也是一切空间形态的创造者,风景园林不能脱离身处其中的人的行为。而环境行为学是一门以人类行为作为研究课题的科学,涵盖社会学、人类学、心理学和生物学等,通过研究人的行为、活动、价值观等问题,为生成舒适怡人的环境提供帮助。

心理学家马斯洛在20世纪40年代就提出人的"需求层次"学说,这一学说对行为学及心理学等方面的研究具有很大的影响。他认为人有生理、安全、交往、尊重及自我实现等需求,这种需求是有层次的。最下面的生理需求是最基本的,而最上面的自我实现需求是最有个性和最高级的。不同情况下人的需求不同,这种需求是会发生变化的。当低层次的需求没有得到满足的时候,不得不放弃高一层次的需求。虽然人本身所具有的复杂性常常同时出现各种需求,也并不是绝对按照层次的先后去满足需求的,但这种学说对我们认识人的心理需要仍然具有一定的普遍性。

根据马斯洛"需求层次"学说的理论,风景园林所应满足的层次也应该包括从低级到高级的层次过程,参与者在不同阶段对环境场所有着不同的接受状态和需要。风景园林是研究人与自身、人与人和人与自然之间关系的艺术,因此,满足人的需要是设计的原动力,具体包括以下几个方面。

1.安全性

安全性是风景园林所要满足的最基本的要求,也属于马斯洛需求层次中的基础层次。具体到风景园林的安全性设计上,首先体现在对特定领域的从属性,在个人化的空间环境中,人需要能够占有和控制一定的空间领域。心理学家认为,领域不仅提供相对的安全感以及便于沟通的信息,还表明了占有者的身份与对所占领域的权力象征。在庭院及任何具有领域性的场所空间的边界都设置有一定的范围边界,

---

① 张岚岚,翟美珠,李敏娟,等.园林设计[M].长春:吉林大学出版社,2016.

而且边界的围护程度也与场所需要的安全性相互关联。如私人庭院需要封闭性围墙设计，但在管理水平较高的小区中，用篱笆或栅栏就可以限定区域；在大型公园的区域中一些小分区的边界处理，由于所需的安全性主要属于心理上的界限，因此可以处理得更为自由和多样，可能只是座椅的一种布置方式，就能带给人心理上的场所感和安全感。

2. 实用性

实用性主要是针对风景园林的功能性而言，功能是风景园林最主要的设计依据和最基本的要求。如何满足人们最基本的需要，首先要对其所要达到的目的做详细的分析。例如，对学校图书馆周围环境进行规划设计，其主要功能包括：①满足人流集散；②与周围建筑建立交通联系；③提供人读书休息的场所和空间。在满足这些功能的基础之上，对现有周围环境做详细的调研，然后对景观进行规划，使得规划后合理恰当地满足其功能需要，以达到风景园林的实用性。实用性还体现在景观中的每一种元素设计的多样化，其不仅以游赏、娱乐为目的，而且还有游人使用、参与及生产防护等功效，使人获得满足感和充实感。例如，冠荫树下的树坛增加了坐凳就能让人得到休息的场所；草坪开放就可让人进入活动。用灌木做绿篱有多种功能，既可把大场地细分为小功能空间，又能挡风、降低噪声，隐藏不雅的景致，形成视觉控制，并且使用低矮的观赏灌木，人们可以接近并欣赏它们的形态。

3. 私密性与公共性

人类是社会性动物，需要人际交往，在这里交往涉及两个方面：一方面是私密性；另一方面是公共性。

私密性可以理解为个人对空间接近程度的选择性控制。人对私密空间的选择可以表现为一个人独处，希望按照自己的愿望支配自己的环境，或几个人亲密相处不愿受他人干扰。在竞争激烈、匆匆忙忙的社会环境中，特别是在繁华的城市中，人们极其向往拥有一块远离喧嚣的清静之地。设计师考虑人对私密性的需要，并不一定需要设计成一个完全闭合的空间，但在空间属性上要对空间有较为完整和明确的限定。一些布局合理的绿色屏障或是分散排列的树就可以提供私密性的环境，在植物营造的静谧空间中，人们可以读书、静坐、交谈。

正如人类需要私密空间一样，有时人类也需要自由开阔的公共空间。环境心理学家曾提出社会向心与社会离心的空间概念，其中的社会向心空间是指公共交往的开放性场所，能使人聚集在一起相互交流的空间环境。"社会向心空间"是促进交流、创造一种轻松友好气氛的心理空间，有利于亲密关系的建立，以此形成内聚性的方向引导。"社会离心空间"则是使人分开，较少交往，以减少刺激，确保私密性的空间环境，对人际交往具有消极作用。

（二）个人空间与人际距离

1. 个人空间

个人空间体现了微观环境中的环境行为关系，它是最小的并随身体而移动的领域。

顾客在餐厅中总是尽量错开就座；在公园中，只要还有空位，游人就不会夹坐在两个陌生人中间。

心理学家萨姆见微知著，对这类司空见惯的现象进行大量调研，最早提出个人空间的概念。他认为，每个人身体周围都存在着一个既不可见又不可分的空间范围，对这一范围的侵犯或干扰，将会引起被侵犯者的焦虑和不安。这个"神秘的气泡"随身体移动而移动，它不是人们的共享空间，而是个人在心理上需要占有的最小空间范围，也可称为"身体缓冲区"。部分人认为，个人空间起着分隔个人的作用，以使个人在空间中保持各自的完整性不受侵犯；另一部分人则从信息论出发，认为个人空间使人际间的信息交流处于最佳水平。相互间越接近，让对方接收到的感觉信息就越多，为了减少信息过多所产生的压力，人需要在自身周围保持一定的空间范围。为了度量个人空间的大小和形状，心理学家做过许多实验，虽然结果不尽相同，但一般来说，个人空间前部较大，后部较小，两侧最小，即从侧面更容易靠近其他人。

个人空间受到侵犯时，被侵犯者会下意识地做出保护反应，如做出某种眼神、手势和身姿，或用物品占有身边的空间。这类保护常具有双向性，如在阅览室中读者偏爱错开就座，不仅意味着对自身个人空间的保护，也意味着对他人个人空间的尊重。萨姆发现，人们采取两种方式保护个人空间，如希望尽可能少受别人干扰的人常选择长凳端头的座位，采取"守势"；不愿别人来占座的人则选择中间座位，采取所谓"攻势"。观察也发现，公园或绿地中容纳三人以上的长凳很少满座，原因在于这些长凳只考虑到就座者身体的宽度，忽略了就座者需要保持的间隔。理论上，每位就座者所需宽度为 55 cm 左右，因此长度为 3.6 m 的长凳可供 6 人就座，但事实上这仅适用于熟人和特殊群体，如同班同学、儿童和老年人，或仅适用于候车室等场合负重及长时间等候的劳累迫使人们在个人空间方面做出部分让步。

2. 人际距离

人类学家霍尔研究了相互交往中人际间所保持的距离，并把它们归纳为四种，每一种又分为远距离和近距离两类。不同种类的人际距离具有不同的感官反应和行为特征，反映出人在交往时不同的心理需要。

（1）密切距离

近距离少于 15 cm，远距离 15～45 cm。位于这一距离时，身体具有相当大的实际接触，可以互相感到对方的热辐射和气味，由于敏锐的中央凹视觉在近距离时难以调整焦距，因而眼睛常呈内斜视（斗鸡眼），并产生视觉失真。在近距离时发音易受呼吸干扰；在远距离时表现为亲切的耳语。这一距离主要用于格斗、亲热、抚爱等行为，一般不用于公共场合，在公共场合与陌生人处于这一距离时会使人感到严重不安。

（2）个人距离

近距离45 ~ 75 cm，远距离75 ~ 120 cm，与个人空间的范围基本一致，一般用于亲属、师生、密友之间。在近距离，可以握手言欢、促膝谈心，语言声音适中，眼睛很易调整焦距，观察细部质感时失真较少，但不能一眼看清对方的整个脸部，而必须把中央凹视觉集中在对方脸部的某些特征，如集中在眼睛上。超过远距离的上限（120 cm）时，很难用手触摸到他人，因此也可用"一臂长"来形容这一距离。

（3）社交距离

近距离1.2 ~ 2.1 m，远距离2.1 ~ 3.6 m。随距离增大，中央凹视觉在远距离可看到整个脸部，而在垂直视角60°的视野范围内可看到对方全身及其周围环境，这就是日常试衣时说的"站远点，让我看看"时所处的距离。社交距离常用来处理非个人的事务，工作关系密切的人，如同事，常处于近距离；社交演讲、处理正式事务则用远距离，远距离还起到人们相互分离、互不干扰的作用。观察表明，即使熟人出现在远距离，坐着工作的人也可不打招呼、继续工作而不致失礼。反之，如是近距离，对于熟人，便会相互致意，对于陌生人，则会招呼发问，这对于室内设计和家具布置具有一定的参考价值。

（4）公共距离

近距离3.6 ~ 7.6 m，远距离大于7.6 m。这一距离主要用于演讲、演出和各种仪式。此时，所发生的行为与其他距离相比有较大差别，不仅声音提高，而且语法正规、语调郑重、遣词造句颇费斟酌，在远距离时连手势和身姿也有所夸大。

为了付诸实际运用，可用距离与身高之比对上述距离加以简化。人际保持密切关系时，距离的上限是社交距离近距离（密切的同事关系），如以身高1.8 m计，此时距离（D）与身高（H）之比$D:H = 2:3 ~ 7:6$，中值恰好接近$1:1$；社交距离远距离时，$D:H = 2:1$，这一比值使人相互分隔、互不干扰；公共距离远距离时，$D:H \approx 4:1$，大于这一比值，人际间就没有什么相互影响可言。

（三）外部空间的行为习性

自然环境本身常常也有某些特征诱发出一些非个体行为，而成为某些固定行为模式的场所，如一棵大树所形成的林间空间等。陆游在《小舟游近村舍舟步归》中所写的"斜阳古柳赵家庄，负鼓盲翁正作场"，描述的就是村庄里的人们在夕阳下自发地聚在柳荫下听盲翁说书的生动场景。这种自然的场所有时比人工场所更吸引人，尤其在高度城市化的现代城市中，一些有大树的绿地的生态特征和自然情趣使它们多数成为市民自发性群体活动的场所。例如，北京的一些街角保留了一片茂密的林地，市园林部门做了护栏铺地，种植了一些花草，布置了一些石桌、石凳，颇受周围多层住宅区居民喜爱。多年以来，无论春夏秋冬，只要不是雨雪大风天气，这里总有许多人在开展各种活动，如气功、太极拳、舞蹈、棋牌、聊天、遛鸟等，十分热闹。什么时间、哪类空间从事什么活动，人们对此早已达成默契。

（四）人对景观空间的认知

1. 视觉研究的深化

研究发现，视网膜由中央凹、黄斑和周围视觉组成，各自具有不同的视觉功能，使人以三种各不相同却又相互协同的方式观察世界。

人主要依靠视觉体验建筑和自然环境。但"主要"不等于"唯一"，环境也绝不仅仅是一维的画面。事实上，人通过多种感觉——视、听、嗅、触等来体验环境。近年来，关于"多种感觉性质"的研究不断深化，为景观设计者提供了许多有意义的启示。

（1）中央凹

中央凹是位于视网膜中央的小凹，含有最微细的视锥细胞。中央凹形成的视野呈圆锥状，水平和垂直视角均为2°左右；当头部保持垂直或略微前倾时，中央凹视觉通常看着视平线以下10°左右的地方。中央凹具有辨别物体精细形态的能力（即"视敏度"），例如，它使人能极敏锐地看到离眼30.5 cm，直径0.3 ~ 6 mm的小圆；使人有可能完成穿针、引线、拔刺、雕刻等精细工作。对此，人类学家霍尔指出："没有中央凹，就不会有机床、显微镜和望远镜，一句话，就没有科学。"

当人观看对象时，中央凹视觉一般沿点划式轨迹进行扫描。所谓"划"就是扫视，而"点"，就是停顿和注视。扫描可较快了解全局，注视则能深入局部，其中，停顿即注视的时间，又与人的兴趣形成正相关：对其一点的注视时间越长，越易引起人的兴趣，反之亦然。因此，就直觉而言，匀质的景观即缺乏停顿点的景观，如浅灰色的天空、烟波浩渺的大洋、茫无边际的沙漠、单调划一的建筑等，往往很快（不是马上）就会引起视觉疲劳，继而会使人产生厌倦。换言之，人需要注视"什么"，于是，碧波中的点点白帆、林海中的亭台楼阁、原野上的村舍……都会成为中央凹积极捕捉的目标。

据研究，中央凹的扫描方式因对象而异。例如，观看画片等小尺度对象时，中央凹沿着复杂而又循环的路线进行扫描；观看较大的雕塑时，扫描集中于形体本身，折线来回跳跃并在形体外轮廓处略作停顿；对于建筑，主要沿线条和外轮廓线进行，并多停顿于檐口、入口和形体突变部位；对于街道，中央凹集中于中景左右来回扫描，注视程度随距离增加而渐渐减弱，具有连续性；对于广场，扫描多集中于中景或近景处的狭窄地带，围绕中心来回摆动，注视程度变化较大，具有动态性质。根据中央凹的视野范围可确定不同视距，如建筑或环境细部（如檐口和雕塑）的尺寸，然而，就风景园林而言眼睛的扫描规律与视觉审美密切相关，因此具有更为重要的意义。

（2）黄斑和周围视觉

黄斑为处于人眼光学中心的一块椭圆形黄色色素区域，水平视角 12°～15°。它虽比不上中央凹精细，但视力仍非常清晰，能完成阅读等功能。黄斑随同中央凹进行扫描共同形成清晰的视野。

周围视觉位于中央凹和黄斑周围，包括近周围、远周围和边缘单眼视觉三部分，其中边缘单眼视觉部分虽然视力变差，但对运动的感觉相对加强，因此主要用来检测视野周围对象的运动，包括客体的自主运动以及因主体（人）快速移动而造成的客体相对运动。这些运动被边缘视觉夸大，引起人的无意注意和下意识反应，这对感知环境整体、确保自身安全和保持心情安宁具有重要的意义。例如，驾驶汽车从开阔的公路驶入林荫道时，驾车者会情不自禁地减慢车速。倒退的行道树在边缘视觉上产生运动的夸大感，引起人的下意识反应。因此，道路和隧道设计必须充分考虑边缘视觉造成的影响。例如，隧道口应设有合适的视觉过渡和渐变（如设置大小变化的天窗）；而在隧道中，为避免造成车速突变，应保持人工照明均匀一致，并尽量减少位于驾车者眼睛高度的灯光数量。根据边缘视觉对动态刺激敏感的特点，可在商业区多设旗幡、灯光、字幕、喷泉和动态雕塑，而在图书馆和医院则应尽量减少不必要的墙面装饰，可通过加大或减少对边缘视觉的刺激，形成不同的环境气氛。

2. 其他感觉与环境体验

风景园林空间历来多强调视觉因素，直到近年才开始重视其他感觉与环境体验的关系。

（1）听觉

听觉接收的信息远比视觉少，除了盲人用声音作为定位手段外，一般人仅利用听觉作为语言交流、相互联系和洞察环境的手段。声音无处不在，因此声音不仅与室内而且与室外环境，不仅与局部而且与整体环境体验密切相关。消极方面固然有噪声产生的不利影响，可积极方面却获益更多。丹麦学者拉斯穆森在《体验建筑》一书第十章中强调：不同的建筑反射声能向人传达有关形式和材料的不同印象，促使形成不同的体验。事实上，人不仅能"听建筑"，还能"听环境"，无论是人声嘈杂、车马喧闹，还是虫鸣鸟语、竹韵松涛都能有力地表达环境的不同性质，烘托出不同的气氛；从嘈杂街道进入宁静地带时，声音变化的明显对比会留下特别深刻的印象；特定的声音还能唤起有关特定地点的记忆和联想。至于特殊的声音信号，诸如教堂钟声、工厂汽笛、校园广播等，远近相闻，犹如召唤，更能加深人们归属于特定时空的认同。此外，声音的巧妙利用还能获得某种特殊体验，例如，闹市中喷泉的水声能作为掩蔽噪声，起到闹中取静的作用，有利于游人进行休憩和私密性活动。

（2）嗅觉

嗅觉也能加深人对环境的体验。公园和风景区具有充分利用嗅觉的有利条件，花卉、树叶、清新的空气，随着远来的微风常会产生一种"香远益清"的特殊效应，令人陶醉；有时，还可建成以嗅觉为主要特征的景点，如杭州满觉陇和上海桂林公园。在不少小城镇中还可闻到小吃、香料、蔬菜等多种特征性气味，产生富有生气的感受，也增添了日常生活的情趣。此外，不同的气味还能唤起人对特定地点的记忆，用作识别环境的辅助手段。

（3）触觉

通过接触感知肌理和质感是体验环境的重要方式之一。对于成人，主要来自步行或坐卧；对于儿童，亲切的触觉是生命早期的主要体验之一，"到处摸"——从摸石头、栏杆、花卉、灌木直到小品[①]、雕塑，几乎成为孩提时的习惯。创造富有触觉体验，既安全而又可触摸的环境，对于儿童身心发展具有重要的意义。在设计中，质感的变化可作为划分区域和控制行为的暗示，如用不同材料铺地暗示空间的不同功能，用相同材料的铺地外加图案表明预定的行进路线。不同的质感，如草地、沙滩、碎石、积水、厚雪、土路，有时还可用来唤起不同的情感反应。

（4）动觉

动觉是对身体运动及其位置状态的感觉，它与肌肉组织、肌腱和关节活动有关。身体位置、运动方向、速度大小和支撑面性质的改变都会造成动觉改变。典型的例子如水中的汀步（踏石），当人踩着不规则布置的汀步行进时，必须在每一块石头上略作停顿，以便找到下一个合适的落脚点，结果造成方向、步幅、速度和身姿不停地改变，形成"低头看石，抬头观景"的动觉和视觉相结合的特殊模式。如果动觉发生突变的同时伴随有特殊的景观出现，突然性加特殊性就易于使人感到意外和惊奇。在小尺度的园林和其他建筑中，"先抑后扬""峰回路转""柳暗花明"都是运用这一原则的常用手法。此外，在大尺度的风景区中，常可利用山路转折、坡度变化（如连续上坡后突然下坡）和建筑亮相的突然性达到同一目的。至于特殊的动觉体验，如敦煌鸣沙山的沙坡下滑、华山的攀登天梯等，更是多种多样，不胜枚举。深刻的动觉体验，如峨眉山九十九道拐，还可成为风景区的重要特色之一。

（5）温度和气流

人对温度和气流也很敏感，盲人尤其如此，检测窗户的气流和南墙的辐射是盲

---

① 园林中的小型艺术装饰品。

人借以定向和探路的重要手段。在城市中凉风拂面和热浪袭人会造成完全不同的体验，其中，热觉对人的舒适感和拥挤感影响尤其明显。风景园林中要尽可能为人提供夏日成荫、冬日向阳的场所，并努力消除温度和气流造成的不利影响。例如，不应在室外铺设大面积（如广场）的硬质地面，因为它们为西北风肆虐、毒日头逞威提供了地盘；冬季临街高层建筑底层的狂风给行人带来不少困难，改进建筑总体布局、妥善处理步行道设计并设置导风板是可行的解决办法；高墙阴影中的小巷和炎热无风的街道形成强烈的热觉对比，会遏制居民上街从事正常活动，也应引起设计人员的重视。

二、人居环境与风景园林

环境一般包括社会环境、自然环境和人工环境。社会环境主要由人构成，文化是其核心要素；自然环境指山水、树木等自然物质形态，以及风、霜、雨、雪等自然现象；人工环境指以建筑为主体的人工构筑物和建筑物构成的环境，它是风景园林构成的主体。从人们对环境开发利用改造的角度来分析，景观可分为自然景观和人文景观，而社会环境中的人文景观则是一个较为抽象的概念。而风景园林主要是运用科学和艺术的方法，研究风景园林环境景观的艺术创作与设计，自然景观与人文景观设计是风景园林的主要对象，它涉及建筑学、城市规划学、城市设计学、历史学、美学、心理学等学科知识，甚至宗教信仰等方面的内容。

（一）人居环境的概念与主要内容

人居环境规划设计主要是对人们日常生活起居环境进行的风景园林设计，它侧重于考虑如何创造更为适合的人居环境，与人们的日常生活和行为有着密切的关系。人们日常起居和休息的大部分时间都在自己的家里，居住环境对于人的重要意义毋庸置疑。对人居环境的重视，无论中外，历史由来已久，过去皇家贵族对城堡、庄园的修建无不显示出他们对人居环境的重视。随着时代的发展，人们的生活水平得到普遍提高，追求理想的、舒适的人居环境已成为大众对居住环境的普遍性需求。

（二）人居环境与风景园林的关系

在现代，人们不再满足于仅将个人喜好和生活习惯寄托于室内装潢上，人们已开始关注户外的环境设计能否提升居住质量。在人居环境规划与风景园林中，除了为个人需求而设计的居住环境（如私家庄园、别墅）主要依据投资方和设计师对于住宅小区的规划和设计构想以外，一般而言，人居环境规划设计会涉及整体景观形象设计、日常户外场地设施的使用和环境绿化三个主要方面。

对于居住者来说，室外的人居环境首先应该是一处可方便使用的公共场所，这种公共场所既可向住户提供开放的公共活动场地，也可满足住户个人的相对私密的空间需求。住宅区的公共场所要有适合闲庭信步的景观环境、方便的服务设施，能提供人与人之间精神交流和运动的场所。

从创造适宜的生态环境考虑，人居环境规划需要注重以下部分因素：分析居住区的朝向和风向；考虑建筑单体、群体、园林绿化对于阳光与阴影的影响，规划阳光区和阴影区；最大限度地将住宅区地面作为景观环境用地；充分发挥住宅区旁的园林作为人们休闲的场所及居住宅周边背景环境的有利因素，如借景远山或引水入区，创造具有山水特色的自然环境；从人居环境公共空间的使用规划来考虑，则要注意居民动态活动和静态休息不同场所的设计；注意开敞空间和半开敞空间的合理结合以及立体化空间处理手法的运用。

全球环境不同程度地恶化成为普遍现象，利用绿化来保护环境是一条行之有效的措施。提倡绿色的生存居住环境，使得景观绿化设计在人居环境规划中的运用日益普遍。从使用功能来说，景观绿化包括公共景观绿化、防护景观绿化以及形象景观绿化等。在景观绿化中，有如下原则可以参考：以生态学理论为指导，尽量改善和维护居住区生态平衡；以软质景观（花草树木、水体、阳光、土地）造景为主，以硬质景观（园林构筑、环境雕塑）造景为辅，充分发挥植物本身的功能，形成有特色的植物景观；以园林绿化的系统性、生物发展的多样性、植物造景的主题性为表现手法，形成建筑的空间布局与景观环境绿化空间布局的相互制约和协调的关系。

三、景观视觉分析

任何一个复杂的物体都是由若干个简单物体构成的，人们对于景观形象的感知需要通过视觉、听觉、嗅觉、触觉等人的各种感觉器官感受的记忆和经验，再经过大脑的整理最终形成有意识的认知，而在各类感觉器官中，视觉信息约占感知总量的 85%，因此景观的视觉形象在整个风景园林中有举足轻重的作用。

（一）景观视觉分析的内涵

景观视觉形象的基本元素有点、线、面、体，所有的景观形态都是由这些基本元素组成的。

1. 点

点是造型设计中最基本的要素，风景园林中作为造型要素的点，是一种感知的形象。点有各种各样的形态，有规则性和不规则性的。点越小，特征越强；点越大，越接近于面或体的形态。点的间隔排列可以形成井然有序的美感，依据水平或垂直方向有机地排列可以形成静态的点的组合；相反，点沿着斜线、曲线排列时，则形成动态的构成形式。在风景园林中，合理地运用点的大小、多少、聚散、连接和不连接等变化，可以形成有节奏、有韵律的构成形式。

2. 线

当点被移动或运动时，就形成了线。线有直线和曲线两大基本类型，直线具有果断、明确、坚定、理性的特点，而曲线则具有柔和、优雅、含蓄的美感。线在风景园林中广泛用于边界划分、空间分隔等。风景园林中线有虚和实两种形态，虚线可以是想象的，但对景观元素的秩序感有引导作用，而实的线更多是表示景观场所或元素的边缘。

3. 面

面是一个二维的概念，面的形象非常丰富，它可以是平的，也可以是起伏的或扭曲的。概括起来，面可以分为几何形、有机形和偶然形三种类型。几何形是指比较规则、制作方便的形态，基本的形式有方形、圆形和三角形；有机形是指自然界有机体中存在的、柔和的、轻松的、曲线性的和无规律的形态；偶然形则是指应用特殊技法和材料或偶然的效果意外获得的天然形态。在风景园林中，面的理解不仅仅局限于平面的各种形态，通常把具有相同基质的景观作为一个面，因此面可以是具体的，也可以是抽象的。

4. 体

体是物质存在的状态或形状，是由许多个面组合而成的。风景园林中建筑、地形、树木等都是以"体"的形式出现在人们的视觉中，不同形状的实体是构成风景园林的主要元素。体的作用主要有两种：一是形成立体的造型，比如廊、桥、亭子、树木、花池等；二是通过实体的围合形成空间，如人们休息的广场、行走的道路等。

（二）景观视觉分析的应用

从建筑学的角度来看，围合空间的三个界面是指底界面、垂直界面、顶界面，并以此手段形成了具有明确的范围与形式和限定意义的建筑空间，而景观空间则类似于没有顶界面的建筑空间，因此，景观空间中存在或表现出的界面主要有底界面、垂直界面。以下以围合空间的界面组合的不同形式为主要线索来分析景观空间的基本类型。

围合是空间的本质，渗透是丰富空间的手段，尽管空间是由围合而成的，但是如果仅是单纯地围合空间将是封闭和不流畅的，并会给使用者在心理上产生沉闷之感。考虑功能和空间形态方面的因素应适当减弱空间的围合度，使人在视觉上看到空间的转换和延伸，给使用者在心理上有疏朗的感受。

1. 按照空间围合的程度分类

景观空间可以分为较封闭、开敞和狭长空间三种类型。在进行风景园林设计时，根据具体功能要求并结合整体景观空间形态方面来综合考虑，三种类型的空间组合穿插，可丰富空间的变化和增加空间的层次感，并可有序地组织景观环境的视景展开。

景观空间的闭合和开敞方式的形成，主要依赖于底界面，垂直界面的物理围合程度（空间的限定性），亦来自人对空间形态的心理和视觉感受。在景观空间中，从较宏观的层面来考究的话，底界面相对是恒定的，影响景观空间围合程度的决定性因素主要在于垂直界面。尽管底界面同样具有划分和限定空间领域的作用，但垂直界面在人们的常规视角的视野中比底界面出现得更多，更有助于限定一个离散的空间容积，为其中的人们提供围合感与私密性。

2. 按形状的类型分类

设计是一种图式语言，各种几何形态是这种语言的词汇，风景园林亦不例外。不同几何形态的景观空间因为特性各不相同，在进行风景园林设计时也有不同的特点。按形状分类的主要依据在于景观空间的底界面在平面两个向度上的几何特性，这时，景观空间依其不同几何形态可分为方形景观空间、圆形景观空间、锥形景观空间、不规则景观空间和复合景观空间等。在各种几何形态中，方、圆属于最基本的几何原形，其他的几何形态都来源于这两个原始形状。方、圆两原形，沿对角线分割，产生等腰三角形和半圆形，再由这两个过渡形分别向两原形过渡，可以产生12个几何形。在古代的益智图图式中，可以看出有15个形是以方、圆形为基础的，方、圆形结合中间形的加减和综合会变化出无数的形状。

（三）景观视觉秩序分析方法

一个完整的景观空间是由若干个相对独立空间组合而成的，不同的使用功能、交通流线功能对景观空间的组合形式有不同的要求。所谓"使用功能"，可以理解为户外空间为满足人的各类活动而提供的专门场所，这些专门场所使功能成为可见的形式，人在户外空间中的活动不是盲目的、偶然的，而是有目的、有组织、有秩序的行为。因此，活动发生的先后顺序以及各类活动之间的相互连接所形成的流线，是景观空间的组织依据。

人对户外空间的认识不是在静止状态下瞬间完成的，只有在运动中、在连续行进的过程中，从一个空间进入另一个空间，才能看到它的各个部分，形成完整的印象。因此，我们对空间的观看不仅涉及空间的变化因素，也涉及时间的变化因素、空间的序列问题，要将空间的组织、排列与时间的先后顺序有机地统一起来，只有这样才能使观看者不仅在静止的状态下获得良好的视觉效果，在运动的状态下同样如此。对于景观空间，主要可以从事件的秩序（功能因素）和形式的秩序（美学因素）两个不同层面来进行规划与组织。

1. 事件的秩序（功能因素）

主要有两种组织方式。

（1）根据事件的先后顺序安排空间秩序

它突出强调空间的轴线关系，把同类事件与空间序列有机地结合在一起，空间的形态经过垂直界面的分隔与围合，形成几个收放的过程，造成起伏、跌宕的效果，增强了视觉上的感染力，这样的空间秩序把事件与空间有机地结合在一起。如美国的罗斯福纪念公园，通过按时间先后顺序展开的四个主要空间及其过渡空间来表达对罗斯福总统长达 13 年的任期的叙述和纪念；蜿蜒曲折、情感融入的花岗岩石墙、瀑布、雕塑、石刻记录了罗斯福最具影响力的思想语录，并且用众多的事件从侧面反映了那个时代的美国社会和精神，以此体现美国人民对罗斯福总统的纪念。

（2）根据事件的相互关系安排空间序列

它强调事件的共时性以及由某一事件连带的其他事件，适于把不同类型的活动组织在相对独立的空间中，以避免相互干扰，同时各空间又保持着一定程度的连通。如扬州个园将春夏秋冬四季以艺术化的手法超越时空同时展现在游人面前。

2. 形式的秩序（美学因素）

一个成功的空间序列，除了能较好地适应功能要求之外，还应具备美学上的一些特征。只有按照美学规律组织起来的空间序列，才能达到形式与内容的统一。因此，在考虑事件秩序的同时，还要考虑形式的秩序，美的空间秩序产生于对立因素的统一中。在一个完整的空间序列中，应该有主有次、有起有伏、婉转回旋、节奏鲜明。所谓"主次""起伏"是指在空间序列中，应该包含空间形态、体量上的对比与变化、重复与过渡，对比产生起伏、重复产生节奏等。同样，在景观空间的设计中，要运用好空间构成的规律，如空间的对比、空间的围透、空间的组合等。

（四）风景园林的赏景

风景园林赏景是一种以游赏者为审美主体，以园林景观为审美客体的审美认识活动，要想对风景园林艺术效果有明确的认识，并规划设计出理想的风景园林作品，首先应该懂得如何赏景。风景园林的游赏是十分自由的审美活动，园林多样变化、自然生动的艺术特性使得游人在欣赏园林景观时会采取不同的游览方式，或走或停、或仰或俯。不同的游览方式，对景观就有不同的观赏效果，从而也给人以不同的景观感受，因此，必须要掌握游览观赏的规律。园林赏景，可以用"游园先问，远望近观，动静结合，情景交融"16 个字概括。

1. 赏景的视觉规律

游人赏景主要是通过视觉来欣赏，即所谓观景。无论俯仰、动静，游人都要有一个观赏位置，从而也确定了人与景物的相对距离关系。游人在观景时所处的位置称为观赏点或视点，而观赏点与被观赏景物之间的距离，称为观赏视距。由于人的视觉特点的影响，观赏视距适当与否和观赏艺术效果的好与坏关系很大，通过分析人的视觉特点和规律，可找出适当的视距范围。

（1）景物观赏点

观赏点的设置是最佳赏景效果的前提，一般安排在主景物的南向。景物坐北朝南，不仅可以争取到好的采光、光照、风向（背风），而且可以为植物生长创造良好条件。以苏州古典园林为例，厅堂往往是全园主要的观赏点，而且园主常常在此进行宴客、娱乐活动。厅堂多布置在主要园景的正面，隔水对山、对景而立。留园的"涵碧山房"、沧浪亭的"见山楼"、拙政园的"远香堂"，这些厅、堂都是坐南向北，而主要景物、建筑景观坐北而朝南，而不至于使景物坐南朝北，终日处于受阴无光的环境，影响景观质量。

（2）辨识视距

正常人的清晰视距离为 25 ～ 30 m，明确看到景物细部的距离为 30 ～ 50 m，能识别景物的视距为 250 ～ 270 m，能辨认景物轮廓的视距为 500 m，能明确发现物体的视距为 1 300 ～ 2 000 m，但这已经没有最佳的观赏效果了。至于远观山峦、俯瞰大地、仰望太空等，则是畅观与联想的综合感受，利用人的视距规律进行布局，将取得事半功倍的效果。

（3）最佳视阈

人在观赏景物时，有一个视角范围，称为视阈（或视场）。人的正常静观视阈，垂直视角为 130°、水平视角为 160°。但按照人的视网膜鉴别率，最佳垂直视角小于30°、水平视角小于 45°。

（4）适合视距

景物观赏的最佳视点有三个位置，即垂直视角为 18°（景物高的三倍距离）、27°（景物高的两倍距离）、45°（景物高的一倍距离）。景物高的三倍距离，是全景最佳视距；景物高的两倍距离，是景物主体最佳视距；景物高的一倍距离，是景物细部最佳视距。

2. 观赏方式

（1）动态观赏与静态观赏

赏景的方式有动静之分，平时所说的游憩就包含了动静两种赏景方式，游是指动态观赏，憩则是指静态观赏，游而无憩使人筋疲力尽，憩而不游又失去游览意义。一般园林布局时应从动与静两方面的要求来考虑，实际上，观赏任何一个园林，动和静的欣赏不能完全分开，往往动静结合，大园宜以动观为主，小园宜以静观为主。在总体布局时，既要考虑动态观赏下景观的系统布置，又要注意布置某些景点以供游人驻足进行细致观赏。如游览杭州西湖，自湖滨公园起，经断桥、白堤至平湖秋月，一路均可作动态观赏。湖光山色随步履前进而不断发生变化，至平湖秋月，在露台中停留下来，依曲栏远眺三潭印月、玉皇山、吴山和杭州城，四面八方均有景色，或近或远又形成静态画面的观赏。离平湖秋月继续前行，左面是湖，右面是孤山南麓诸景色，又转为动态观赏，及登孤山之顶，在西泠印社中，居高临下，再展视全湖，又成静态观赏。离孤山继续前行，又是动态观赏，至岳坟后，再停下来，又可作静态观赏。再前则为横卧湖面的苏堤，中通六桥，春时晨光初启，宿雾乍收，夹岸柳桃，柔丝飘拂，落英缤纷，游人漫步堤上，两面临波，随六桥之高下，路线有起有伏，这自然又是动态观赏了。但在堤中登仙桥处，布置花港观鱼景区，游人在此可以休息，可以观鱼观牡丹、三潭印月和西山诸胜，则又是静态观赏了。

（2）俯视、平视、仰视的观赏

根据视点与景物相对位置的远近高低变化，可以将赏景方式分为平视、仰视和俯视三种。居高临下，景色全收，是俯视；在平坦草地或河湖之滨进行观景，景物深远，多为平视；有些景区险峻难攀，只能在低处瞻望，有时观景无后退之处只能抬头，这是仰视。在园林布局中往往为游人创造各种视景条件，以满足不同的观赏需要。

平视、俯视、仰视的观赏，有时不能截然分开，如登高楼、峻岭，先自下而上，一步一步攀登，抬头观看是一组一组仰视景物，登上最高处，向四周平望而俯视，然后一步一步向下，眼前又是一组一组俯视景观。故，各种视觉的风景安排，应统一考虑，使四面八方高低上下都有很好的风景观赏，又要着重安排最佳观景点，让人停息体验，如北海静心斋北部景区地形变化较大，人在其中可借视高的改变而获得不同角度的观景效果。

第三节　绿化建设

环境绿化配置是绿化建设的基本技艺，它不同于纯功能性的农用防护林带或纯经济用途的人工林、果林以及花圃等，它的不同之处就在于"艺术"二字。环境绿化配置包括两个方面：一方面是植物之间的艺术配置；另一方面是绿化植物与其他绿化要素的配置，如绿化植物与建筑、道路、山石、水体等要素的相互配合。在配置植物时，上述两方面都应考虑，要根据绿地的性质、条件、规划要求，各类植物的生态习性、形态特征、平面和立面的构图、色彩、季相以及园林意境等，因地制宜地配置各类植物，充分发挥它们艺术与功能相结合的观赏特性，创造良好的生态环境，实现植物与植物之间、植物与环境之间的最大协调。

一、植物配置与色彩搭配

在人的五官感觉中，视觉占87%，因此，通过视觉获取信息十分重要。户外环境中植物的色彩搭配也是绿化设计中非常重要的一部分。输入大脑的色彩信息会给身心带来多方面的影响，通过视觉欣赏花卉的色彩可以激活大脑细胞。因此，园艺在福利疗养院的应用具有一定的心理疗效。[①]

（一）色彩调和搭配

色立体从水平面来看，可看作在不同明度位置上分布的色相圆环，这称为色相环。色彩设计综合考虑色相环与色立体的色彩位置进行色彩调和搭配。色彩调和搭配归纳起来有以下 6 个方面的法则。

1. 无彩色调和

位于色立体中心轴上的白色和黑色（无彩色）的色调都能与色相调和。如果相邻色彩之间过于强烈而无法相互中和时，可以在中间掺入无彩色，如白、灰、黑三种颜色，以达到色彩调和的目的。

2. 同色相调和

同一色相上不同色调的色彩通过所占面积的比例变化来组合搭配达到统一。

3. 相似色相调和

通过相似的色相组合来达到色彩调和的目的。

4. 不同色相调和

色相不同时可用相同色调来调和，可以用浅色调来统一，也可用深色调来统一。

5. 互补色调和色相

有些色相具有较强的互补性，能给人带来活跃的感觉。但如果互补色的对比面积过小，则达不到调和效果。

6. 相似色 + 互补色的调和

色相环中形成等边三角形或等腰三角形的三种颜色可相互调和，底边的两色为相似色调和。但是，调和的关键是位于等边三角形或等腰三角形的底边上的两个色彩应占较大的面积比例，才能凸显出等边三角形或等腰三角形顶点的互补色。

（二）植物色彩的调和类型

通常，土壤、木材、石材等自然材料的色彩是任何年龄层都能接受的，这些材料能营造出轻松的庭院环境。植物色彩的调和以植物和自然材料的色彩为基调，然后再添加花卉及设施的色彩。植物色彩的调和类型大致分为色调调和型、相似色调和型、色相调和型。

1. 色调调和型

色调调和型是指力求使花和叶的色彩在色调上达到统一。当以绿色为基调，且

---

① 张冀媛. 园林绿化设计解析 [M]. 武汉：华中科技大学出版社，2010.

有多种色相存在时，可以通过调整色调来达到统一，这能让空间整体的风格显得沉稳而有品位。色调调和型一般用于营造柔和而沉稳的景致，特别是想要表现柔和感时，可用淡、浅的天然色调。用色调调和方法来表现柔和感时，花卉可以用以白色、淡紫色、粉色为主色调的浅色色调来统一，这样一来，即使增加花卉的数量，也不会给人沉重感。另外，植物的颜色尽量不要与设施的色彩混杂在一起。但要注意，深色调的花卉出现在浅色调的花卉中会显得很突兀，影响整体美感。

2. 相似色调和型

相似色调和型是以色相环上的某一种颜色为主色，通过与相邻颜色的搭配组合来达到色彩协调的设计方法。黄色与橘色、红色与粉色的搭配是相似色调和的经典代表。相似色调和型通常以浅色调为主，能营造出清爽的感觉。以绿色作为基调，多采用常绿树或彩叶草，将白色、浅色调的花卉交错栽植，再将叶子的绿色以浓淡渐变的方式来搭配，就能使人体会到景致随季节变化的微妙之处。

深色调加入白色后会弱化刺激的感觉。另外，白色与青色、绿色组合搭配能产生清凉而沉静的氛围。青色给人安静和充裕感，白色给人素雅和清爽感，这两种色彩搭配在一起非常协调。

3. 色相调和型

色相调和型是以"相似色＋互补色"为依据的色彩设计。色相调和型一般以绿色为基调，花卉的颜色用相似的色相来整合，偶尔也可用互补色的花卉强调一下。色相调和型的配色方法多用在明快的紫色环境中。另外，以绿色为基准点，用其附近范围内的黄色、青紫色的色相进行搭配组合也能达到调和的效果。如果添加绿色的互补色——红色，则效果更显著。

如果选择接近原色的、鲜艳色系的花卉，就会给人愉悦感，能产生氛围明快的感觉。色调有跳跃感的花卉应注意搭配栽植，协调好与整体的平衡关系，某种花卉面积过大，容易破坏整体的平衡感。适量加入红色，可给人留下充满活力的印象。

（三）绿化设计的配色运用

1. 公园和庭院的配色

如何处理环境的整体色调与视觉之间的联系是公园和庭院绿化设计中支配色所要解决的主要问题。支配色虽然不必在任何时候都和环境统一调和或相似调和，但却必须保持两者之间的调和关系。其次，在处理色调的平衡和颜色层次的渐变时，应尽可能以大面积和大单元的方式呈现。另外，目的色或装饰色容易成为设计的重点，小规模地使用设计支配色和对比色才能有效。如果有必要形成重点，则要优先考虑全体色调的调和。最后，色调单调或对比过度时，应在这些颜色间加入其他颜色，例如白色、灰色、黑色等，都能达到很好的缓冲效果，如果加入彩色，则应选择能够把原来两色的明度明确区分开的色彩，再对色调和色度加以考虑。

2. 色彩调和的方法

（1）按同一色调配色

例如，公园有混凝土铺装、粉末铺装、卵石铺装等。若忽视配色调和，将在大范围内破坏园林的统一感。同一色调的配色明度和色度虽然不同，但只要色调相同，就能达到调和。同一色调容易形成沉静的气氛，但缺乏丰富的色彩会令人感到单调乏味，这时可以采用分隔或铺装的形式，或改变目的物和装饰的位置、形状、明度、色度等，呈现出多样性的变化。反之，如果这些因素是变化的，最好使用同一色调。

（2）按近似色调配色

所谓近似色调和，必须包含共同的色调，但又有显著的不同。近似色调的调和根据颜色的三性（色相、明度、纯度）进行。近似色调配色要注意以下两点：①由于比同一色调配色的色幅度（种类）增加了，因此以减少造景要素的数量为宜；②在近似色调之间决定主色调和从属色调时，对两者要区别对待。

（3）按对比色调配色

色相环中心点相对的一对颜色被称为互补色。对比色调的配色由互补色组成，例如，红和蓝绿、黄和蓝紫、绿和红紫。对比色调的配色互相排斥又相互吸引，产生强烈的紧张感，很引人注目，但多用则使设计陷于混乱。因此，在设计时对比色调应谨慎运用。

二、合理配置植物

植物是反映四季变化的理想素材。在设计户外环境方案时，设计师若将绿化带给人的感受考虑在内，则会使方案更具内涵，也更具人文气息。

植物的种类繁多，用于环境绿化设计时，应依其机能、环境因素、展示效果等慎重选择。在环境绿化设计中增加花草植物，可以使环境绿化更加丰富多样，引人注目。经过环境艺术的整体设计，配置以适当形、色、质地、高度的花草植物，则更能达到美化环境的效果，产生"变化中有统一，统一中有变化"的意境。

（一）植物的生存条件

选择树种最基本的条件就是要使其适合规划设计用地的生长环境。树木生长的基本条件分别是气温、日照、水分、土壤、通风。

1. 气温气候

不同植物对生长气温气候条件的要求不同。根据纬度位置、海陆位置、地形特点等因素，我国的气候可分为热带季风气候、亚热带季风气候、温带季风气候、温带大陆性气候、高原山地气候五大类。

在环境绿化设计中，植物的选择要考虑耐寒性与耐热性，同时还要考虑到当地的湿度与风向等因素，根据当地的自然环境选择适宜生长的植物。在我国的海南省，高大挺拔的椰子树与棕榈树随处可见；而在我国的中部地区，植物多数是常绿灌木、常绿乔木、落叶乔木、落叶灌木等。

2. 日照量和方位

树木按照对日照量的要求大致分为阳性树、阴性树和中性树。由于树木对日照量的需求不同，因此，环境绿化设计应根据建设用地的日照条件交错搭配栽植树木。

日照状况应结合夏至日和冬至日的光影图分析建筑物的南向部位，夏至日和冬至日终日无阴影的区域可栽植喜阳植物；而南向庭院的围墙内侧区域，尽管位于南向，但属于背阴条件，这种处于阴影状态的部位适合栽植喜阴植物。在掌握植物特性的基础上再选择搭配栽植，这样就能设计出魅力十足的庭院空间。

背阴部分可分为稍微背阴、中度背阴和全背阴。要具体了解背阴程度再选择栽植植物。如果设计者能把阴凉所独有的氛围和感觉灵活应用到设计中，也能营造出静谧的空间，比如林间小径。

地面铺砌长满苔藓的叠石、天然石材、砂石，再精心地点缀些地被植物，就能打造出惬意的小景。在微型庭院中，落叶、地被植物是背阴空间充分展现魅力的基本要素。背阴的树木及茂密的花草间会出现阴暗空间，如果在这些空间内添置上雕塑、花钵等小品，就能衬托花草的鲜艳美丽。

3. 水分

室外树木水分供给的主要方式是雨水。但是也有一些种植穴，比如花坛、树池，它们的实际尺寸比植物所需的尺寸要小，这种情况下，植物往往因土壤容易干燥而要及时浇水，此时可以根据具体情况增设不同类型的自动灌溉装置。中庭内可栽植的区域仅有上空开敞的内天井部分，因此，种植区域的设计也会受到局限。如果水分太多，植物的生长会受到阻碍，尤其是洼地容易积水，在这种地方栽植树木，植物的根系容易腐烂。因此，为了防止植物枯萎，地面应设计出一定坡度，以防止积水留存。

最后，在设置上述供水设施时，必须配套安装户外供水阀和电源开关。

4. 土壤

确保树木苗壮成长的土壤应具有适度的渗水性和保湿性，并且富含有机物质。新建住宅用地的土壤往往多是黏土、砂土、碎石等，不适合树木生长，因此需要对土壤进行改良。为了能支撑住树木地面以上部位，应保证树木的根基与枝叶有同幅度的根球。因此，树木周围的坑穴范围就要大于树冠尺寸，这是土壤改良的基本标准。

首先，应检测植物栽植区域的土壤特性，明确是否适合栽植植物。可根据该地生长的植物类型来判断排水状况，如果苔藓类的植物较多，则表明排水不良。此外，也可利用雨后的土壤特性来判断排水状况。排水良好的土壤，雨后不会出现水洼，如果大雨过后水洼在半天到一天之内渗下去，也表明没有排水不良的问题。即使少量的降雨也会出现水洼，或者雨停后水洼一直保留到第二天，则表明该土壤排水不良。

对排水不畅通的庭院进行设计时，要将植物的选栽与庭院设计相结合来解决排水问题，通常的解决办法是覆盖新土。如果整个庭院全部覆盖新土比较困难，则可结合庭院设计对部分土壤进行适当的替换或覆盖。较平坦的庭院有排水不良的问题时，可借用堆砌山丘等方法人为形成坡面，同时增设雨水沟将水引至排水沟中。另外，还可借用枕木做成花坛式围合，或者像岩石园那样采用自然风格的叠石等方法解决排水问题。

（1）土壤优劣的判断方法

通过场地内生长的植物类型来判断土壤的酸碱度。土壤中像刺荆、车前草之类的杂草较多，则属于偏酸性。优质土壤内长出的杂草通常不会偏于个别种类，植物的生长也会比较均衡。

采土样检测土质。优质土壤用方头铁铲就能轻松铲挖，附在铁铲上的土会很快滑落；用手轻轻握土，手放开后土会立即松散。劣质土壤浅层多含有瓦砾、石块等，瓦砾、石块较多的土壤，需要把石砾铲除。如果遇到黏土层就要再深挖一些，然后混入改良剂。如果挖土的铁铲上粘满泥土，且需用力才能刮掉，这些土轻轻握成团状后会有黏的感觉，那么这种不会松散的团状土壤属于排水不良的黏质土，这种土壤渗水较差。

（2）土壤（营养成分）的改良方法

黏土、砂土的改良方法。通常黏土富有保湿性和保肥性，但渗水性很差，可以掺入有机改良的腐叶土、树皮堆肥、泥煤苔、稻壳灰、珍珠岩、砂石等来改善其渗水功能。砂土渗水性过强，保肥能力较差，因此需频繁施肥，但由于肥料容易流失，因此植物生长缓慢。生物有机肥是一种速效、长效，既能满足植物的营养需要，又兼有保水、保肥、缓释作用的生物缓释肥料，它可消除土壤板结，恢复地力，促进植物生长。因此，利用生物有机肥堆肥制造有机复合肥，走资源化利用之路，对今后合理利用城市固体废弃物具有重要的现实意义。采用这种方法的目的在于利用生活炉渣、农作物秸秆等废弃物，生产出一种既环保又可提高土壤保水、保肥功能的新产品。农林业生产中的应用研究表明，保水剂能显著提高作物抗旱能力和作物产量，在我国广大的干旱、半干旱、季节性干旱地区有着广泛的应用前景。

酸性土壤、碱性土壤的改良方法。土壤的酸碱度用 pH 值来表示。适合植物生长的土壤 pH 值在 5.5 ~ 6.5 之间。pH 值在 4 ~ 6 之间的土壤为酸性土，pH 值在 8 ~ 9 之间的土壤为碱性土。蔷薇是喜酸性土壤的植物，所以在其附近也要栽植同样喜酸性土壤的植物。在家庭菜园中种植的蔬菜适合弱酸性土壤，如果土壤为偏碱性，可以混合施入未调整酸度的泥煤苔。

5. 通风

建筑物密集、通风不良的环境里，树木的热量和水分都不容易蒸发，因此，植物无法顺利生长，同时也容易引发病虫害。在围墙边、建筑墙边等通风条件差的区域栽植植物时，可以在栽植区域的内侧墙体上设置豁口，或将部分墙体设计成栅栏来保证通风。

首先，要保证整个树木都能接受到阳光照射并通风良好，则植物的栽植不可太密集，否则枝叶会交错在一起，造成空气滞留，伤害植物本身。要保证通风良好，设计者就要仔细斟酌不同树种的搭配组合方式。其次，地形不宜太平坦，要有高、中、低不同高度的树木组合搭配形成层次，这样不仅可以优化植物环境，也会使设计明朗而富有层次。例如，前部栽植低矮树木，其后依次渐高地搭配植物，就能设计出层次分明的绿化坡度，也能使人们观赏到各个品种的植物，这种设计立体效果好，也能保证通风良好。

（二）植物配置的基本方法

1. 规则式配置

规则式配置强调排列整齐、对称，有一定株行距，给人以庄重和肃穆的感受。

（1）中心配置

中心配置是指在对称轴线的相交点，如几何形花坛、广场的中心处，栽植树形高大、形体优美、外形较为规整的树种。

（2）对称配置

对称配置是指树木按照一定的轴线关系作相互对称或均衡种植的方式。对称配置一般选用树形整齐、轮廓严整，品种、体形大小以及株距都一致的乔木和灌木。对称配置在艺术构图上用来强调主题，作为主题的陪衬，多选用耐修剪的常绿树。

（3）列植

列植是将同种的同龄树按一定的株距进行行植或带植。通常为单行或双行，其形式有以下三种。

第一，单行列植。由一种树种组成或由两种树种间植搭配而成。

第二，双行列植。重复单行列植。

第三，双行重叠植。两行树木的种植点错开或部分重叠，多用于绿篱的种植。树木之间关系紧密，形成整体，达到屏障效果，封闭性好，可用来分割空间和组织空间。

（4）分层配置

将乔木、灌木和草以不同的高度分层配置，前不掩后，以便能呈现各层的形态，使花期相互衔接，同时还可起到防护、隔离作用。

（5）象形配置

象形配置是以不同色彩的观叶植物或花叶兼美的植物在规则的植床内组成复杂

华丽的图案。象形配置的图案包括文字、肖像等，主要表现整体的图案美。植物床多采用较简单的几何轮廓作外形，可用于平地或斜坡上。

（6）片植

片植是在边框整齐的几何形植物床内，成片种植同一种植物，如成行、成排种植的林带、防护林、竹林、花卉、草坪植物等。

2. 自然式配置

自然式配置以模仿自然界中的植物景观为目的，强调变化，没有一定的株行距，将同种或不同种类的树木进行孤植、对植、丛植、群植以营造风景林，具有活泼、愉快的自然风趣。

（1）孤植

孤植是指乔木单体的孤立种植类型，又称孤植树。孤植树的主要功能是出于构图艺术上的需要，可作为局部空旷地段的主景，同时也起遮阴的作用。孤植树作为主景，是用以反映自然界个体植株充分生长的景观，外观上要挺拔繁茂，雄伟壮观，具有较高的观赏价值。在孤植树的周围要求有一定的空间，使枝叶充分舒展，要有适宜的视距，人们才能欣赏到它独特的风姿。

孤植树适宜作独赏树的树种，一般应具备高大雄伟、树形优美、树冠开阔宽大、富于变化等特点，轮廓呈圆锥形、尖塔形、风致形、圆柱形等。孤植树在绿化布置中主要显示树木的个体美，常作为住宅庭院空间的主景植于花坛中心或小庭院一角等与山、石相互成景之处。孤植一般采取单独种植的方式，但也可用 2 ~ 3 株合栽成一个整体树冠。

（2）对植

对植是指自然式栽植中的不对称栽植，即在轴线两边所栽植的植物，其树种、体形、大小完全不一样，但在重量感上却保持均衡状态。这是应用天平均衡的原理。天平两边的秤盘里所盛之物虽然大小不同，但它们的重量一致。所以在轴线的一侧可以栽一株乔木，而在另一侧可以栽植一大丛灌木与之取得平衡。

（3）丛植

丛植是由同种或不同种的树木组成。通常是由两株到十几株乔木或乔灌木组合种植而成的种植类型，是树木发挥群体美的表现方式之一。丛植既要求整体感，也要求个性化。丛植的方式自由灵活，既可以形成雄伟浑厚、气势宏大的景观，也可以形成小巧玲珑、鲜明活泼的特色。在景区中，它既可以用作主景，也可以用作配景，在景观和功能两方面起着重要的作用。树木彼此之间有统一的联系，又有各自的变化，互相对比，互相衬托。

树丛的平面构图以表现树种的个体美和树丛的群体美为主。因此，在树丛的配置上，要求在不同的角度呈现不同的景观。因此，不等边三角形是树丛构图的基本形式，由此可演变出 4、5、6、7、8、9 株等株数的组合。

（4）群植

大量乔灌木生长在一起的组合体称为树群。树群的配置称为群植。树群所表现的主要为群体美，树群也像孤植树和树丛一样，是构图上的主景之一。树群所需面积较大，在园林绿地中可以分隔空间，增加层次，起到防护和隔离的作用。树群本身亦可作漏景，通过树干间隙透视远处景物，具有一定的风景效果，也可以作为背景、障景及夹景。树群主要立面的前方，至少在树群高度的 4 倍或树群宽度的 1.5 倍的距离留出空地，以便游人欣赏。

树群可以分为单纯树群和混交树群两类。单纯树群由同一树种构成，树群下有喜阴多年生草本植物作地被植物。混交树群通常是由大乔木、亚乔木、大灌木、中小灌木以及多年生草本植物构成的复合体。它是暴露的群体，配植时要注意群体的结构和植物个体之间的关系。通常，高大的树木宜栽在中间，矮小的树木宜栽在外侧；常绿乔木栽植在开花亚乔木的后面作为背景；喜阳植物栽在阳面，喜阴植物栽在阴面；灌木作护脚或下木，灌木的外围还可以用花草作为与草地间的过渡。树群的外貌除层次、外围绿化变化外，还应有季相变化，如春有似锦的繁花，夏有蔽日的浓荫，秋有艳丽的红叶，冬有傲雪的翠松等。但树群各个方向的断面不能像金字塔那样机械。树群的某些外围绿化可以配置一两片树丛及几株孤立树木，有意识地打破规矩和呆板的画面，使树群高低错落、疏密有致、轻重有度、美观大方。

自然式配置最简单的形式是以主体景物中轴线为支点取得均衡关系，树木分布在构图中轴线的两侧。树木必须采用同一树种，但大小和姿态必须不同，动势要向中轴线集中。大树距离中轴线要近，小树距离中轴线要远，两树栽植点连成直线，不得与中轴线成直角相交。

自然式配置可以采用株数不相同、树种相同的树木配植，例如左侧是一株大树，右侧为同一树种的两株小树，也可以两边是相似而不相同的树种或两种树丛，树丛的树种也必须近似。两侧的树林既要避免呆板的对称形式，又必须对应。两株小树或两个树丛还可以采用对植的方式排列在道路两旁构成夹景，利用树木分枝状态适当加以培育，构成相依或交冠的自然景象。

自然式配置只能作配景，可以布置在景区建筑入口两旁，小桥头、登道石阶的两旁，并配以假山石以增其势，调节重量感，力求均衡。

第二章　风景园林设计原理

第一节　风景园林设计法则

进行园林设计时，在满足功能的基础上还应考虑形式，这些各种形式因素相互联系，组合成不同的形式美，这些不同的形式美又构成了园林艺术的精髓。园林艺术是作为表现艺术存在于城市之中，不能再现具体的事物形象，而只有通过对园林造型的形式处理，尤其是对园林空间的艺术化、形式化进行营构，从而表现出其审美意义和象征含义，以触发人的想象，从直观感受进入悠远、深邃的审美意境之中，从而完成人们对园林景观所产生的"情景交融"的审美意象。所以风景园林要遵循一定的艺术规律和形式美法则，如单纯齐一、多样统一、对比调和、节奏韵律、尺度比例、联想意境、对称均衡等，才能设计出创意独特、形式美感丰富的园林形态。

一、单纯齐一

单纯齐一也叫整齐一律，是形式美法则中最简单的，它的特点就是最大地避免了混乱状态。单纯是指相同的或相似因素组合在一起，如单纯的色调、简洁的形式等；齐一是一种整齐一律的美，它以一个特定形式组成一个单元，这个单元形式再按照统一规律进行反复，即同一形式的连续再现。[①]

在园林设计中，单纯齐一的纯洁、明净形式能够给人以节奏感、秩序感和条理感。例如行道树株间距相同，笔直延伸；规整的行道树与灌木丛相间排列；绿篱修剪得高低有致、棱角分明，构成一种连续的反复，这些都给人以整齐的美感。

但在运用这一形式时要注意，单纯、简洁不等于纯粹的简单，在设计过程中要避免形态的单调和呆板以及组合方式的无味重复。

二、多样统一

多样统一是形式美法则中最高、最基本的原则。多样指构成整体的各个部分在形式上的差异性；统一是指具有差异性的部分彼此协调。

在园林设计中，无论从园林风格、形式、植物、建筑，还是色彩、质地、线条等方面，都要讲求在多样之中求得统一，这样富有变化，不单调。如过于多样而缺

---

① 顾小玲，尹文．风景园林设计 [M]．上海：上海人民美术出版社，2017．

少统一会给人以无序、杂乱无章之感；过分统一而缺少变化给人呆板、单调感，而有了变化能带来刺激，打破乏味。

如假山造型，轮廓线要有变化，变化中又必须求得统一。又如扬州瘦西湖五亭桥，设计者采用五个体量、大小、形状都有一些变化的园林建筑，而这些对比又都在设计者高超的技巧下统一在整体的视觉效果中，使其在变化中求得统一、秩序，体现出和谐。

在植物景观中，无论自然的还是人工的，凡是具有美感的都是景观的各个组成部分之间明显的协调统一。如群植中基调树种由于种类少、数量大，作为植物景观的基调及特色，起到统一作用；而一般树种种类多但数量少，起到变化作用，从而达到了统一中求得多样。

三、对比调和

对比是把两个对立的差异要素放在一起，能使景色生动、活泼、突出主题，让人看到此景表达出兴奋、热烈、奔放的感受。对比关系强调各设计元素之间的差异，主要通过各设计元素之间色调、色彩、色相、亮度、形体、体量、线条、方向、数量、排列、位置、形态等多方面的对立因素来实现的。如园林植物可以通过不同种类植物色彩的明暗、色相的红绿，以及低矮的草花衬托高大的乔木，形成参天大树之感；还有"低灌"与"高树"的对比，一高一低，一垂直一水平。

调和是把比较类同的要素组合在一起，如通过造型语言的协调、色彩的和谐、园林布局的疏密有度等方面来体现的。调和在园林设计中常用两种表现形式：一是自身的和谐，通过整齐的图形，有序的排列，统一的表现技法，和谐的色彩来创造美感；另一种形式是在对比中求和谐。一般在高大的建筑前常常种植高大乔木或者配置大片色彩鲜艳的花灌木、花卉、草坪来组成大的色块，这就是运用了协调的原理，注意了植物与建筑体量、重量之间的比例关系，大体量的植物或者大面积的草坪花卉与高大宏伟建筑在气魄上形成协调。相反地，如果设计希望突出某些景物来吸引人们的注意则常常采用对比的手法，例如我国造园艺术中常用的万绿丛中一点红就是运用植物的色彩差异来突出主题的；还有在西方古典园林中常常选用常绿植物作为一些白色雕塑的背景，达到色彩的协调统一。

总之，在园林设计中，对比与调和形式法则是互为依存、相互补充的统一体，实际上要做到整体调和局部对比。

四、节奏韵律

节奏与韵律均来自音乐术语。节奏本是指音乐中音响节拍轻重缓急的变化和重复，是一种强烈复杂的变化，当形、线、色、块整齐而有条理的同时又重复地出现，或富有变化地排列组合时，就可以获得节奏感；而韵律原指音乐或诗歌的声韵和节奏，是有规律的变化，它能带来积极的生气，具有增强魅力的能量。如造型的差异，色彩的强弱，林间的疏密，植株的高低，线条的刚与柔、曲与直，面的方圆，尺寸的大小等组合形式的运用，都能产生韵律与节奏。

在园林设计中，韵律与节奏是艺术构图多样统一的手法之一。这一手法是将园林设计中的某一元素做有规律的重复，有组织的变化。常见的有简单韵律、交替韵律、起伏曲折韵律、拟态韵律等。例如：等距种植的行道树是一种简单的韵律；园路和广场的铺装中，以卵石、碎石等交错布置的各种花纹，组成连续图案，设计巧妙、得宜，能引人入胜，是一种拟态韵律；乔灌木间隔种植的行道树也会给人韵律与节奏的感觉，是一种交替韵律。再有，植物季相变化也是一种韵律，我们称之为季相韵律，因此我们在植物配置时要考虑植物的季相变化，做到四季有景，景不同。

园林绿化设计中，节奏韵律感主要体现在疏密、高低、曲直、方圆、大小、错落等对比关系的配合。如有一块很大的草坪，草坪中土坡起伏平缓，线条圆滑，如利用植物塑造几个尖塔形，就改变了原有过于圆润之意，而增加了高耸之势，强弱、高低、错落等微妙的起伏关系使草坪孕育着一种生命的律动。在街道景观设计中也同样体现着韵律与节奏的美，如行道树的设计，林带的疏密、宽窄以及连续变化就能产生节奏感。两边若种植一排行道树，大小完全一致，就如同列队的卫士一样整齐划一，缺少变化，但如果行道树的高低搭配、常绿与开花相间，譬如大叶女贞、樱花间植，这相当于在高音之间加了低音符，既丰富了景观层次，又能体现出统一中富有变化的节奏韵律美感。

五、尺度比例

如果说和谐便是美，那么比例和尺度便是美的基础和体现。尺度是以人的身高为基准，与物的对比关系，对比使用空间的度量关系；比例则是部分与部分或部分与整体之间的合乎比例的关系。只有恰当的比例关系才有协调的美感，比如早在古希腊就已被发现的至今为止全世界公认的黄金分割比 1 ：0.618。园林中景物各组成要素之间，在空间、体量、体形以及其自身之间都要按照一定比例关系，才能创造优美的空间环境。

在园林设计中，无论是公共广场、街道、居民小区还是水体景观，都应该依据它自身的功能和使用的对象来确定它的尺度和比例。不合适的景观尺度与比例，会让人们产生别扭与不协调的感受；合适的尺度和比例，则使人们在行为过程中感到舒适和方便，给人以美的感受。

例如，园林设计中水景的尺度需要仔细地推敲，根据所采用的水景设计形式、表现主题、周围的环境景观。小尺度的水面较亲切怡人，适合于宁静、不大的空间，例如庭院、花园、城市小公共空间；尺度较大的水面浩瀚缥缈，适合于大面积自然风景、城市公园和巨大的城市空间或广场。无论是大尺度的水面，还是小尺度的水面，关键在于掌握空间中水与环境的比例关系。如苏州网师园水面的大小不过350平方米，但它与环绕的月到风来亭、竹外一枝轩、射鸭廊和濯缨水阁等一组建筑物却保持着和谐的比例，堪称小尺度水面的典型例子。

六、联想意境

联想是思维的延伸，它由一种事物延伸到另外一种事物上。例如红色使人感到温暖、热情、喜庆等；绿色则使人联想到大自然、生命、春天，从而使人产生平静感、生机感、春意等。如古典园林中多因园子面积较小，借助于人工的盛山理水把广阔的大自然风景缩移模拟于咫尺之间，即营造"一拳则太华千寻，一勺则江湖万里"的意境。

意即主观的理念、感情，境即客观的生活、景物。意境产生于艺术创作中此两者的结合，即创作者把自己的感情、理念熔铸于客观生活、景物之中，从而引发鉴赏者类似的情感波动和理念联想。意境是联想的一种结果，是人们接收到的外在表象与个人经验记忆之间的交融，是一种情感需要。我国传统园林艺术中就较多地使用联想意境的形式美法则，寓情于石，寓情于水，情景交融。

园林中的植物花开草长、流红滴翠，漫步其间，使人们不仅可以感受到芬芳的花草气息和悠然的天籁，而且可以领略到清新隽永的诗情画意，使不同审美经验的人产生不同的审美心理的思想内涵——意境。意境贯穿于园林艺术表现之中，即借植物特有的形、色、香、声、韵之美，表现人的思想、品格、意志，创造出寄情于景和触景生情的意境，赋予植物人格化。如松、竹、梅被喻为三君子；玉兰、海棠、牡丹、桂花示长寿富贵。这一从形态美到意境美的升华，不但含义深邃，而且达到了"天人合一"的境界。

古典园林组景、建筑和景点命名大多属于艺术意境的概括，常常通过匾额、楹联点染出建筑主题，以功能直接表达的反而较少。皇家园林、私家花园均如此。如拙政园山花野鸟之间的楹联"蝉噪林愈静，鸟鸣山更幽"，别有一番诗情画意。

意境，实质上是造园主内心情感、体验及其形象联想的最大限度的凝聚，是欣赏者在联想与想象中最大限度驰骋的再创造过程。我国苏州园林的掇山置石，常运用联想的手法来造景，文人士大夫喜爱太湖石并不拘泥于石的形体，在意的是大自然力量造就出的石的风骨，这正体现了中国传统园林艺术"无为"和"意境"的深刻内涵。

七、对称均衡

对称是指整体的各部分依实际的或假想的对称轴或对称点两侧所形成等形、等量的对应关系，给人以安静、稳定的感觉。均衡是对称中有变化，不单调，在静中倾向于动。如沿中轴线相对对称布局的故宫，威严和庄重感就是通过这种严谨对称带来的秩序感和严格的规范性来体现的。这种高大建筑的对称布局产生了一种居高临下、不可动摇的强大气势，使人在迈进它的第一刻就能强烈感受到权威性。

在园林设计中，有绝对对称均衡与不绝对对称均衡。绝对对称均衡在人们心理上产生理性的严谨、条理性和稳定感。西方园林所体现的是人工美，不仅布局对称、规则、严谨，就连花草都修整得方方正正，从而呈现出一种几何图案美，因此在造园手法上更注重规则式均衡，常用于规则式建筑，如庄严的陵园以及雄伟的皇家园林给人庄重严整的感觉。中国古典园林讲求自然美，在构图中则更侧重于不绝对对称均衡。自然式均衡常用于公园、风景区等一些较为自然的环境中。如对植是园林设计中植物种植常用手法，是指用两株树按照一定的轴线关系作相互对称或均衡的种植方式，主要用于强调公园、建筑、道路、广场的入口等。在自然式种植中，对植是不绝对对称的，但左右是均衡的。自然式对植是以主体景物中轴线为支点取得均衡关系，分布在构图中轴线的两侧，与中轴线的垂直距离为大树要近，小树在远，利用不对称种植造型与环境的恰当配合，显现出生动、活泼、流畅和自由的感觉，在视觉上达到不对称均衡。随着社会的发展，中西园林在不断地互相影响和交融。近年来，我国陆续出现了中国的自然式园林与西方的规则式园林相结合的混合式园林，且愈演愈烈。西方规则式园林主要以法国古典主义园林为代表，尤以凡尔赛宫为最，园中对称布置的手法是用来烘托君权至高无上以及皇权的威严这一主题的，正是因为有了这一主题，才显示出由对称布置所产生的非凡的美，使凡尔赛宫成为闻名世界的佳作。

在平面构图中运用对称法则要避免由于过分的绝对对称而产生单调、呆板的感觉，有的时候，在整体对称的格局中加入一些不对称的因素，反而能增加构图版面的生动性和美感，避免了单调和呆板。

不同的形式美之间既有区别又有联系，并且不是固定不变的，随着人们审美需求的提高、审美心理的发展，形式美的法则也会不断地发展，所以在设计中要运用好它们，最大程度地发挥形式的美感。

第二节　风景园林设计构景手法及其原则

一、风景园林设计构景手法

风景园林设计是通过人工手段，利用环境条件和构成园林的各种要素，再通过不同构景手法造作所需要的景观。园林构景贵在层次，以有限空间，造无限风景，从而使景观达到理想的艺术效果。园林构景中常运用多种手法来表现景观，以求得渐入佳境、小中见大、步移景异的艺术效果。主要有借景、障景、框景、透景、添景、对景、夹景、隔景、漏景、移景等手法。

（一）借景

借景意味着园林景象的外延，是将园内风景视线所及的园外景色有意识地组织到园内来，成为园景的一部分。因园林的面积和空间都是有限的，要想将园外的景致巧妙地收进园内游人视野中，就要突破自身基地范围的局限，充分利用周围的自然美景，选择恰当的观赏位置，有意识地把园外的景物"借"到园内视景范围中来，与园内景物融为一体，便可收无限于有限之中，在有限空间内获得无限的意境。明代造园家计成在《园冶》一书中也提到："园林巧于因借，精在体宜。""借者，园虽别内外，得景则无拘远近。"这最好地诠释了借景的真谛。[①]

借景有远借、邻借、仰借、俯借、时借、形借、声借、色借或香借之分。借远方之景为远借；借近邻之景为邻借；借仰视之景为仰借；借俯瞰之景为俯借；借时令所构之景为时借。如北京颐和园运用了巧妙的借景手法，将西山、玉泉山诸峰的景色组织到园里，美景尽收眼底。又如拙政园借远处的北寺塔，塔成了此亭的远景，空间有了层次，景因此而更添意趣。故借景法则可取得事半功倍的园林景观效果。

借景方法有：①开辟透景线，去除阻碍赏景的物体，以借远景或自然景观。如修剪掉遮挡视线的树木枝叶等。②提高视点位置，突破园林的界限，让游者放眼远望。如在园中建造楼、阁、亭等。③借虚景。上海豫园中的花墙下的月洞，透露了隔院的水榭。

（二）障景

障景又称抑景,它多用在园林入口处或空间序列的转折引导处。障景常采用"欲露先藏、欲扬先抑"的艺术手法，以达到"山重水复疑无路，柳暗花明又一村"的艺术效果。常用材料有假山、影壁、屏风、树丛或树群等。

障景往往给游人以深邃含蓄、曲折多变的观感，尤其是面积较小的园林多用此手法，可避免一眼看到全园的景色。如拙政园入口部分有院门，内叠石为假山，成为障景，使人入院门不能一下子看到全院的景物，在山后有一小池，循廊绕池便豁然开朗，从而获得"曲径通幽""庭院深深"的园林意境，最后才将景致突然展现出来，使人心情为之一振，以此来提高园景的艺术感召力。

（三）框景

框景如同一幅画，用类似画框的门框、窗、洞、廊柱或乔木树冠抱合而成的空

---

① 郭尤睿.风景园林规划设计安全性研究[D].福州：福建农林大学，2014.

间作为构图前景，将要突出的景框在"镜框"中，把景包围起来，使人的视线高度集中于画面的主景上，从而使游人产生景在画中的错觉，将现实风景误以为是画在纸上的图画，达到了自然美升华为艺术美的效果。苏州拙政园"悟竹幽居"四个洞门分别框春夏秋冬四景。

（四）透景

美好的景物被高于游人视线的地物所遮挡，须开辟透景线，这种处理手法叫透景。透景线两侧的景物，做透景的配置布景，以提高透景的艺术效果。如竹林中的幽径。

（五）添景

添景是当观赏点与风景点之间没有中景时，常采用乔木、花卉作为中间、近处的一种过渡景。添景是为使园景完美，往往在景物疏朗之处，增添一些景色，以丰富园景的层次，园景也因这些装饰而生动起来。缺少这个过渡，整个风景就会显得呆板而又缺乏观赏性和感染力。

（六）对景

对景是指从甲观赏点观赏乙观赏点，从乙观赏点观赏甲观赏点的互相观赏、互相衬托的构景手法，即我把你作为景，你也把我作为景。园内的建筑物如厅、堂、楼、阁等既是观赏点，又是被观赏对象，因此往往互为对景，形成错综复杂的交叉对象。所以，园林中重要建筑物的方位确定后，在其视线所及具备透景线的情况下，即可形成对景。如拙政园远香堂对面绿叶掩映下能观赏到绣绮亭，它们互为对景。

（七）夹景

夹景是一种带有控制性的构景方式，通过树丛或岩石或建筑所形成的狭长空间的尽端所夹的景象。夹景手法的运用是通过植物或建筑来限定和诱导游人的视线，使游人的视域高度集中，从而达到突出主要景物的效果。另外，对视域的限定，也可以起到摒弃周边杂乱景色的作用。如园路两侧植物密植，形成绿色走廊，走廊的尽头设置景观，就形成夹景效果。

（八）隔景

隔景是利用山石、粉墙、林木、构筑物、地形、花窗、洞、长廊、树林、花架等将景物分隔，以使园景虚虚实实，景色丰富多彩，空间"小中见大"。

隔景分实隔、虚隔和虚实相隔。实隔能完全阻隔游人视线、限制游人通过，加强私密性和强化空间领域，被分隔的空间景色独立性强，彼此可无直接联系；虚隔能使游人视线从一个空间透入另一个空间，不仅丰富景观的层次，而且隐约显现但难窥全貌、近在咫尺但不可及的意境，如从墙的漏窗观看另一边的景色。

（九）漏景

漏景是将被隔的景物透漏呈现在人眼前，给人若隐若现、含蓄雅致的感觉。

古典园林中，利用形式各异的漏窗造成漏景效果是较为常见形式。漏窗能使空间互相穿插渗透，达到增加风景和扩大空间的效果。透过漏窗，景区似隔非隔，似隐还现，光影迷离斑驳，随着游人的脚步移动，景色也随之变化，平直的墙面有了它，便增添了无尽的生气和流动的变幻感。园林的围墙上、廊一侧或两侧的墙上，常常设以漏窗，或雕以带有民族特色的各种几何图形，或雕以葡萄、石榴、梅花、荷花、修竹等植物，或雕以鹿、鹤、兔等动物，透过漏窗的窗隙，可见园外的美景。如苏州拙政园的游廊共运用了几十种窗形式，每一个窗就像一个取景框来框取不同的景物，是画也是窗，是窗也是画，而且没有一个漏窗同样，真正做到步移景异，大大激发游人探幽的兴致。

除此而外，各种花木的枝叶、玲珑剔透的山石都是制造漏景效果的常用元素。

（十）移景

移景是仿建的一种园林构景手法，是将其他地方优美的景致移在园林中仿造。如承德避暑山庄的芝径云堤是仿效杭州西子湖的苏堤构筑；殿春簃本是苏州网师园内的一处景点，1979 年美国纽约大都会博物馆以殿春簃为原型建造了中国式庭院"明轩"。移景手段的运用，促进了中外及我国南北造园艺术的交流和发展。

总之，风景园林设计的构景手法多种多样，不能生搬硬套，墨守成规，须悉心把握，融会贯通，处理恰当，才能设计出好的园林作品。

二、风景园林设计遵循的原则

因为风景园林规划设计不仅要考虑经济、技术和生态问题，还要在艺术上考虑美的问题，要把自然美融于生态美之中。同时，还要借助建筑美、绘画美、文学美和人文美来增强自身的表现能力。风景园林设计也不同于工程上单纯制平面图和立面图，更不同于绘画，因为风景园林设计是以室外空间为主，是以园林地形、建筑、山水、植物为材料的一种空间艺术创作。园林绿地的性质和功能规定了园林规划的特殊性，为此在风景园林设计时要遵循以下几个原则。

（一）生态优先原则

生态化是又一个时代主题，一个好的风景园林要符合生态规律、自然完整、生物多样性高、生态环境功能完整。但是随着工业化的发展，全球生态环境日益遭到破坏，所以保护我们生存的环境，是园林设计师当前最为重要的工作。生态设计观是直接关系到园林景观质量的一个非常重要的方面，是创造更好的环境、更高质量和更安全的景观的有效途径。但现阶段在园林设计领域内，生态设计的理论和方法还不够成熟，一提到生态，就认为是绿化率达到多少，实际上不仅仅是绿化，尊重地域自然地理特征和节约与保护资源都是生态设计观的体现。另外，绿化率的提高不代表生态效益就一定提高。前些年许多设计师在进行园林设计时，为了追求新奇特别的效果，大量地从外地引进各种名贵树种，可长势很弱甚至死亡，原因就是在植物配置时没有考虑植物分布的地带性和生态适应性。因此，在植物配置时应以本土树种为主，适当引进外来树种，要根据立地的具体条件合理地选择植物种类。现在又有些城市为了达到绿化率指标，见效快，大面积铺设草坪，这不仅耗资巨大，养护费用高，而且生态效益要远比种树小得多。

体现园林设计的生态性原则，具体方法有：充分利用当地的物产材料，石材、竹木等，能体现当地的风土人情和风俗习惯；提炼精华，把文化加以发扬和传承，延续历史文脉；种植具有浓郁地方特色的乡土植物，养育适合地方气候的动物，促进生态平衡。另外，还应多从园林景观细节上考虑，比如尽量减少铺地材料的使用面积，以尽可能地保留可渗透性的土壤，恢复雨水的天然路径，为地下水提供补给；另一方面也可以延缓雨水进入地表河渠的时间，减轻雨季市政管道排放压力以及降低河道洪峰，这都是遵循生态设计原则的体现。所以要提高园林景观环境质量，在做园林设计时就要把生态学原理作为其生态设计观的理论基础，尊重物种多样性，减少对自然资源的掠夺，保持营养和水循环，维持植物生境和动物栖息地的质量，把这些融汇到园林设计中的每一个环节，才能达到生态性的最大化，给人类一个健康的、绿色的、环保的、可持续性的栖息家园。

（二）人性化设计原则

人有基本的物理层次需求和更高的心理层次需求。设计时要根据使用者的年龄、文化层次和喜好等自然特征，如根据老年人喜静、儿童好动来划分功能分区，以满足使用者的不同需求。人性设计观的体现在设计细节要求上更为突出，如踏步、栏杆、扶手、坡道、座椅、人行道等的尺度和材质的选择等问题能否满足人的生理层次的需求。近年来，国际上无障碍设计得到广泛使用，如广场、公园等公共场所的入口处都设置了方便残疾人的轮椅车上下行走及盲人行走的坡道。但目前我国园林设计在这方面仍不够成熟，如一些公共场所的主入口没有设坡道，这样对残疾人来说极其不方便，要绕道而行，更有甚者是就没有设置坡道，这些设计也就更不用谈人性设计观了。另外，在北方园林设计中，供人使用的户外设施材质的选择要做到冬暖夏凉，这样才不会失去设置的意义。

此外，园林设计必须掌握心理审美知识，根据使用者的心理需求来设计景观设施。如公园里座椅的安排，仅仅考虑它的材质和高度等已不能满足人的需求，同时还要考虑坐椅靠背的朝向、座椅长度等特性。比如，人需要一定的个人空间和人际距离，所以座椅朝向的问题也十分关键。另外，人们行走在广场和公园里都有抄近路的行为心理，我们常常见到绿篱和栏杆被人为割裂的缺口，草坪被踏出的一条小径，这都是因为设计上对交通流动走向缺乏准确的尺度判断所造成的后果。所以在园林设计中，应尽可能不要放过每一个细节的设计，一个总体方案的优秀设计，是靠一个个人性化的细节来完成的。

（三）功能性设计原则

园林景观是以创造生态效益和社会效益为主要目的，所以还要秉承功能性设计原则。任何一个城市的人力、物力、财力和土地都是有限的，如果无限制地增加投入，一味追求豪华气派，不切实际，那样会造成很大的浪费，甚至还会产生视觉污染。

在园林植物配置时，很多情况下植物都在执行一定的功能。例如在进行高速公路中央分隔带的园林设计时，考虑到夜间车辆眩光的影响，引导司机视线，提高行车速度和确保行车的安全和舒适，选择枝密叶茂、株高在 1.5 m 以上的花灌木，并且植株应该以均匀的方式排列，确保防眩效果；又如城市滨水区绿地中植物的功能之一，就是能够过滤调节由陆地生态系统流向水域的有机物和无机物。

（四）经济安全性原则

经济性是通过就地取材，因地制宜，结合自然，不需要耗费很多人工来改造自然，并最终达到"虽由人作，宛自天开"的最高艺术境界。如水景的设置一定要事先考虑其使用后的运营成本和维护费用，避免只注重视觉的形式美，追求高档次、豪华，与自然背道而驰，而不顾工程的投资及日后的管理成本。

安全性是园林设计不容忽视的重要原则，没有安全性，园林设计的功能性和审美性就成为空谈。如景观结构的牢固性能、所用材质的健康环保性能、与人接触的设施部位没有伤害和刺激性能等。

总之，园林设计在考虑以上几个原则的基础上须节约成本、保证安全、方便管理，以最少的投入获得最大的生态效益和社会效益。

（五）创新意识设计原则

创新设计是在满足功能设计基础上，对设计者提出的更高要求。它需要设计者的思维开拓，不拘泥于现有的景观形式，敢于表达自己的设计语言和个性特色，避免"千城一面""似曾相识"的景观现象。在园林设计中，要着重培养创造性思维方式。创造性思维方式建立的关键是挖掘创造性和个性的表达能力，创造性是艺术思维中较高的思维层次。人们一般的思维方式是习惯于再现性的思维方式，通过记忆中对事物的感受和潜意识的融合唤起对新问题的思考，这是一种有象的再现性思维，因而是顺畅和自然的。而创造性的思维是有象与无象的结合，里面想象占有很大的成分，通过大脑记忆中的感知觉，运用想象和分析进行自觉的创造性表现思维。

创造性的思维由于探索性强度高，需要联想、推理和判断环环相扣，所以是比较艰苦和困难的思维设计过程。但是成功的园林设计作品，必定是富有创新特色的设计作品。

目前，很多城市的园林设计都是千篇一律的模式，没有鲜明的设计特色和个性语言。如水景设计时应避免盲目地模仿、抄袭和缺乏个性的设计，要体现地区的地方特色，与地方特色相匹配，从文化出发突出地区自身的景观文化特色。所以要使园林设计具有创新内涵，设计者必须具有独特性、灵活性、敏感性、发散性的创新思维，从新方式、新方向、新角度来处理景观的空间、形态、形式、色彩等问题，给人们带来崭新的思考和设计观点，从而使园林设计呈现多元化的创新局面。

（六）地域文化保护原则

俞孔坚教授曾指出设计应根植于所在的地方，这句话道出了保护地域文化的重要性。园林场地所在地域的自然与文化遗产，自然发展过程格局与自然和文化特征，都使新的规划与设计留有不可抹去的痕迹，作为设计者要尊重这种文化的烙印，以原生文化为基础，把场地的性质、特征、价值等作为设计规划的前提和主要因素，设计中无论从规划布局、建筑单体、景观环境、细部构造的设计上均要立足于本土文化、因地制宜，以表现地域文化的独特景观魅力，反映不同地域的人文背景为最终目的。

园林景观氛围的营造在一定程度上依赖于地域的文化观念。从日本城市园林设计看日本人的城市生活与文化，可以从中深刻地感受到本土文化在生活中形成氛围的自然流露，无论是山村小镇还是都市，园林设计都根植于所在的地域特点，在这样氛围的环境中，让人时刻能感受到地域文化的内涵与外延。尊重自然物质，人与自然良好地相处与共存是日本园林设计的理念。因此，尊重传统文化、乡土知识，尊重当地人对于环境的认识和理解，保留当地人所拥有的文化传统，是园林设计保留地域文化的有效方法和手段之一。

例如植物景观在保持和塑造城市风情、文脉和特色方面具有重要作用。园林植物景观设计应考虑当地的文化内涵，用植物表现人文理念。植物景观设计应重视景观资源的继承、保护和利用，以自然生态条件和地带性植被为基础，将民俗风情、传统文化、宗教、历史文物等融合在植物景观中，使植物景观具有明显的地域性和文化性特征，产生可识别性和特色性。另外，园林植物景观设计还要考虑场地的大小、周边环境（建筑物的体量和颜色）、游客的年龄层次等因素。好的园林植物景观设计必须综合考虑各方面的因素，通过植物的合理搭配，形成既合理、稳定、长久的植物群落，又为人们提供四季各异的美丽景观，从而满足人们的精神需求，并改善城区环境和气候，为市民提供一个宜居的家园。

（七）可持续发展原则

可持续研究是近年来为各个学科领域所关注的重大课题，随着城市建设规模的不断扩大和乡村的急剧城市化，人的生存空间环境面临着巨大的挑战。高速的发展在带来了空前繁荣的同时也引发了人与环境的一系列矛盾：一是旧的环境景观不断被新的设计潮流所淹没，有些很好的具有历史文脉价值的景观被拆掉或者被整修得不伦不类，新与旧、传统与现代、现实与将来发生着前所未有的激烈碰撞，大量的城市景观和乡村景观与周围的土地和人的关系处于不和谐的状态；二是在环境景观的设计领域中，人们过于注重园林设计的人工性和雕琢性，忽视了景观环境中人与客观自然因素的和谐状态；三是在景观的物质创造过程中，忽略了人类的精神方面的需求，景观表面的物质材料的豪华构成并不能满足人们心灵深处对审美精神的需求。

园林设计中要尽可能使用可再生材料，尽可能将场地上的材料循环使用，最大限度地发挥材料的潜力，减少生产、加工、运输材料而消耗的能源，减少施工中的废弃物；尽量保留当地的文化特点，万无一失是不大可能的，这就要求达到可持续的发展模式；防止盲目追求水景设计的视觉效果，忽略了水景的经济性、环保性、舒适性等综合效应，即要做到在设计之初，对水景设计项目做一个经济、生态的可行性评估，并要求具有一定的前瞻性、预见性；设计中还要求小心求证，对未来发展动态进行科学、合理、可行的预测，并为未来的改进工作留有足够的空间和发挥的余地，设计交付使用后，仍需要加强对项目的修改工作，处理好交付使用后的一些具体安排。

（八）艺术性设计原则

艺术性设计原则是园林设计中更高层次的追求，它的加入使景观相对丰富多彩，也体现出了对称与均衡、对比与统一、比例与尺度、节奏与韵律等艺术特征。如抽象的园林小品、雕塑耐人寻味；有特色的铺装令人驻足观望；现代的造园手法和景观材料，塑造既延续历史文脉风貌，又具有高效、有序、便捷、时尚特点的都市开放空间，同时新材料、新技术的应用，超越传统材料的限制条件，达到只有现代园林设计才能具备的质感、色感、透明度、光影等时代艺术特征。所以，通过艺术设计，可以使功能性设施艺术化。

如园林设计中的休息设施，从功能的角度讲，其作用就在于为人提供休息的场所，而从艺术设计的角度，它不仅具有使用功能，通过它的造型、材料等特性赋予的艺术形式，从而为景观空间增加文化艺术内涵。再如，不同类型的景观雕塑，抽象的、具象的，人物的、动物的等都为景观空间增添了艺术感。还有完美的植物景观，必须具备科学性与艺术性两方面的高度统一，既满足植物与环境在生态适应上的统一，又要通过艺术构图原理体现出植物个体及群体的形式美，及人们欣赏时所产生的意境美。

植物景观中艺术性的创造是极为细腻复杂的，需要巧妙地利用植物的形体、线条、色彩和质地进行构图，并通过植物的季相变化来创造瑰丽的景观，表现其独特的艺术魅力。这些都是艺术设计观的很好应用，对于现代园林设计师来说，应积极主动地将艺术观念和艺术语言运用到园林设计中去，在园林设计艺术中发挥它应有的魅力。

第三节　风景园林设计步骤

园林设计有以下几种形式：新区的园林设计，即在空白区域进行深入、细致的设计与实施；老城区园林的改造设计，即在保护的基础上更新改造；对已成型园林的增减设计，即小幅度改造，以完善功能的需求。不管哪种形式，设计步骤都分为任务书阶段、基地调研分析阶段、总体方案设计阶段、施工设计阶段、设计实施阶段、设计回访阶段。只是对不同阶段侧重点不一样，着重程度不同。

一、任务书

在这一阶段，设计师拿到任务书后应该认真阅读任务书，充分了解整个设计项目的概况，如委托方的设计意图、工程性质、工程造价和时间期限等内容。这些内容往往是整个设计的根本依据，从中可以确定哪些值得深入细致地调查和分析，哪些只要做一般了解。

在此阶段很少用到图纸，常用以文字说明为主的文件。

二、基地调研分析

一般在设计前，设计师应对设计场地进行调研，把每一项都清楚地记录下来。现场踏勘的同时，还可以拍摄一定的环境现状照片，以供进行总体设计时参考。再根据这些调查的资料及实地测量所得的地形资料作全盘性的分析和计划，作为设计的依据和日后施工建造的参照。①

在此阶段，设计师主要通过徒手勾绘场地调查实物信息图、文字表格等的设计表达方式进行综合分析。

（一）基地调研

设计师在接到设计任务后，为充分掌握任务书的具体内容要求，应进行实地踏勘和测量，调研园林设计前必须掌握的第一手必备原始资料。其中有些技术资料如

---

① 黄维.传统文化语境下风景园林建筑设计的传承与创新 [M].长春：东北师范大学出版社，2019.

基地现状图（地形图、地下管线图、树木分布位置图等）可以从规划部门查询得到，气象资料可从气象等部门查询得到。还有些查询不到，但又是设计所必需的资料，这就需要通过实地踏勘、测量得到，如基地及环境的视觉形态景象、人流量、车流量等信息。场地调研可能需要几次，如果实地与现状图有不同，以实地踏勘所得数据为主。

现状调查的内容包括：①周边环境，如交通状况（人、车的流量、方向）、人口数量、文化修养、社会背景、生活习惯、未来发展趋势等；还有视觉质量，如可供观赏的自然景色。②自然环境，如气候、日照、温湿度、季风风向、水文、地形地势、动植物、排水情况、土壤（酸碱性、地下水位）、风向风力、地质等方面的资料。③人文历史，如文化古迹、历史传统、民居建筑、风土人情等。④基地环境，如湖泊、河流、水渠分布状况，各处地形标高、走向等，原有建筑及构造物、道路、广场和各种铺设管线等信息。

（二）资料分析

在掌握了第一手信息资料后，设计师应对这些资料进行分析整理。进行分析可以暴露出场地现存问题及潜在影响，进一步发现它们的内在关系，进行要素整合，决定要在场地上进行哪些改动或采取何种措施，以及可以在设计中开发利用的潜力。用图示标出基地的各项特征加以分析，从中寻找应解决的问题和可行的解决方法。对空间的利用分析，应显示出活动和使用频率的关系以及各项功能的体现。

资料分析的内容包括：①自然环境分析，如对地形分析时，主要是对地理位置，用地的形状面积，地表的起伏变化，裸露岩层的分布情况、走向、坡度等特征进行分析。②人文背景分析，如对社会文化而言，其内涵极其广泛，包含知识、信仰、宗教、艺术、民俗、地域、生活习惯、道德、法律等内容。

（三）绘制分析图

通过现场勘测，将调查的基地资料（植被、水、土壤、气象等）记录到地形图上，然后加以分析，做出能反映基地潜力和限制的分析图。这些图常用线条徒手勾绘，用草图标出基地的具体位置、具体尺寸、地势等基本资料，图面应简洁、醒目、说明问题，图中常用各种标记符号，并配以简要的文字说明和解释。另外，在此阶段可能会产生一些具体的想法，也应记录在基地分析图上。

三、总体方案设计

通过基地调研和分析，设计师应对整个设计项目的现状了解更加深入，对整个基地及周边环境状况有了综合分析，再结合甲方的需求，这时设计师可以将设计项目总体定位做一个合理构想，提出合理的方案构思和理念。

这个阶段是园林设计过程中的关键性阶段，也是整个设计构思基本成型的阶段。这个阶段的图纸有位置图、现状图、功能分区图、总体设计方案图、地形设计图、道路总体设计图、种植设计图、园林建筑布局图、鸟瞰图、铺装示意图、灯具示意图、环境小品设计示意图、总体设计说明书、项目总概算等。

（一）方案构思

方案构思不是凭空产生的，是对任务书和基地条件综合了解的结果。设计师运用丰富的想象力和灵活开放的思维方式孕育出无数方案发展方向的巧妙构思，这些构思与设计背景资料相联系就会产生多个相对可取的方案思路。然后，设计师就要进一步统筹设计主题及社会文化背景、使用功能、审美取向等因素，确定方案的基本框架和方向。在构思草案的过程中，根据自己的思维，一旦出现灵感，就快速表达出来，绘出草图。积累一系列的草图，然后比较、分析，优化设计方案。

这一阶段可以简单上一点颜色，以验证构思效果。

（二）方案草图

随着设计过程的逐渐展开，其每一步骤将更为清晰化、具体化。方案草图应注重其整体性，不可拘泥于植物种类或硬质园林等细节，而且要随意，不怕犯错误，从而不断地提出新的设计思路。方案草图在很大程度上体现了设计师对环境设计的理解，并且通过对设计风格、空间关系、尺度把握、细部处理、色彩搭配、材料选择等方面的设想，展现了设计师在理性与感性、已知与未知、抽象与具象之间的探究。它包括环境关系的总平面图，表达功能关系的分区图等；同时，也包括设计师灵感突现时勾勒出的无序线条。通过大量的草图逐渐明确设计意图，是设计师分析设计问题、寻求解决方法的途径。

然后，做出用地规划总平面图，各分区细化平面图、立面图、剖面图以及局部透视表现效果图和设计说明等。

（三）方案设计

方案设计是指在总体构思和方案草图的基础上，进一步深化，进行合理的小品、设施、植物、灯光材质等要素的配置，如确定平面形状、使用区的位置和大小、建筑和设施的位置、道路基本线型、停车场面积和位置等。它包括确定整体环境和各个局部之间的具体技术做法以及用材，合理解决各技术工种之间的矛盾等。此时可能要有几次修改，设计团队成员之间或与其他设计师、专家开会，集思广益，多渠道、多层次、多次数地听取各方面的建议，使方案更加完善。

这一阶段是对设计师专业素质、艺术修养、设计能力的全面考量，所有的设计成果将在这一阶段初步呈现。此阶段会形成以下图纸。

1. 区位图

简洁明了地表示出该设计项目在城市区域内的位置。

2. 现状图

设计师可以用圆形圈或抽象图框将经分析、整理、归纳后所掌握的场地现状资料概括地表示出来。

3. 功能分区图

根据总体设计的原则、目标及不同年龄段、不同兴趣爱好人群活动的需要，确定不同的分区，划分不同的空间，使不同空间和区域满足不同的功能要求，并使功能与形式尽可能相统一。功能分区可以用各种形状的泡泡来划分活动区或指明材料，这些泡泡将填充平面图上的所有空间。泡泡大小、位置取决于区域的功能以及连通性和可见性。

4. 总体设计平面图

功能分区确定后，要确定各区的具体内容，绘制总体设计平面图。绘制总平面图时应注意准确标明指北针，选用恰当的比例尺、图例等内容。根据总体设计原则、目标，绘制出交通——入口广场、主干道、次干道、步行道、停车场、公交车站、路牌等，活动场地——儿童游戏区、老人活动区、健身区、中心广场等，公共服务——购物区、服务中心、电话亭、垃圾桶、卫生间等。如校园景观设计时，设计师就应充分考虑到以下因素：校园主次要出入口的位置及面积，主要出入口的内外广场、停车场、大门以及校园的地形总体规划，道路系统规划和校园景观建筑物及构筑物等总体布局。

5. 道路总体设计图

为了更清楚地表达设计意图，绘制道路总体设计图。主要内容包括在图上确定场地的主要出入口、次要出入口与专用出入口；主要广场及主要环路的位置，以及消防通道；确定主、次干道等的位置及各种路面的宽度、排水纵坡；并初步确定主要道路的路面材料、铺装形式等。

6. 园林植物规划图

根据总体设计原则、目标，以当地的自然环境及苗木的情况为依据，绘制园林植物规划图。其内容主要包括不同种植类型的安排，如疏密林、树丛、孤植树、花坛、草坪、园路树、湖岸树、园林种植小品等内容。同时，确定场地的基调树种、骨干造景树种，包括常绿、落叶的乔木、灌木、草花等。

这个阶段是设计具体化的阶段，也是各种技术问题的定案阶段。所以设计师应注重创新思维拓展、案例分析、设计角色的转换、与客户的互动。

（四）设计效果表现图

效果表现图是设计者为更直观地表达园林设计的意图，更直观地表达公园设计中各个景点、景物以及景区的园林形象，可以显示设计构思与其建成后的实际效果之间的相互关系，可以突出设计的"重点"与"亮点"，有助于人们较直观地交流及识别设计意图，判断设计师要表达、传递的信息及设计的最终效果。其表达手段具有多样性，手绘、计算机都可以作为表现图的表达媒介。

1.手绘表现图

手绘表现图是最基本、应用最广泛的方式。它要求设计师具有一定的美术功底，通过运用各种绘画工具，各项绘图技巧，对设计成果进行描绘和诠释。但即使是徒手表现图，也要按比例精细刻画，体现设计成果的科学性、系统性和艺术性。

手绘表现图一般通过钢笔画、铅笔画、钢笔淡彩、水彩画、水粉画、中国画或其他绘画形式表现，都有较好效果。

2.计算机表现图

在表现平面图时,通常需要计算机辅助完成。目前主要用到的软件有 AutoCAD、CorelDRAW 等。

在制作鸟瞰图及效果图时，用到的软件有 3Dmax、Photoshop 等软件。其中鸟瞰图的制作要点：①无论采用一点透视、二点透视或多点透视，轴测画都要求鸟瞰图尺度、比例上尽可能准确反映景物的形象。②鸟瞰图除表现项目本身，又要画出周围环境。如项目周围的道路交通等市政关系；项目周围城市园林；项目周围的山体、水系等。③鸟瞰图应注意"近大远小、近清楚远模糊、近写实远写意"的透视法原则，以达到鸟瞰图的空间感、层次感、真实感。④一般情况，除了大型建筑，园林建筑和树木比较，树木不宜太小，而以 15 ~ 20 年树龄的高度为画图的依据。

（五）工程总概算

在规划方案阶段，可按面积（单位:hm^2、m^2），根据设计内容、工程复杂程度，结合常规经验匡算；或按工程项目、工程量，分项估算再汇总。

（六）编写设计说明

完整的设计方案除了图纸外，还要求文字说明，全面地介绍设计师的理念、构思、设计原则、要点等内容。具体包括以下几个方面：①位置、现状、面积；②工程性质、设计原则；③功能分区；④设计主要内容（山体地形、空间围合、湖池、堤岛水系网络、出入口、道路系统、建筑布局、种植规划、园林小品等）；⑤管线、电讯规划说明；⑥管理机构。

（七）文本的制作包装

整个方案全都定下来后，图文的包装必不可少。将规划方案的说明、投资估算、水电设计的一些主要节点，汇编成文字部分；将规划平面图、功能分区图、绿化种植图、小品设计图、全景透视图、局部景点透视图，汇编成图纸部分。文字部分与图纸部分的结合，就形成一套完整的规划方案文本。

四、施工设计

设计师反复进行方案推敲，完成各部分详细设计，进一步深入优化后，才能着手施工图绘制。图纸要按最终的设计结果给出正确的比例尺寸关系、结构关系、色彩关系、材料选用等关键性要素，通过一系列的平、立、剖和节点图将设计意图明确地表达出来。

（一）施工图图纸

1. 施工图图纸基本要求

图纸规范，要符合中华人民共和国住房和城乡建设部规定的绘制标准。图纸应标明各种园林设计形态的平、立、剖面关系和准确位置，以便作为施工的依据。

图纸要注明图头、图例、指北针、比例尺。图纸中的文字、数字标注要清晰、规范。

2. 施工图图纸内容

在施工之前要作出施工总平面图、竖向设计图、道路广场设计图、种植设计图、水景设计图、园林建筑设计图、管线设计图，以及假山、雕塑、垃圾箱、导示牌等园林小品设计详图等。

（1）施工总平面图

施工总平面图图纸内容一般要求：用红色线表示保留的现有地下管线，用细线表示建筑物、构筑物、主要现场树木等，用细墨虚线表示设计的地形等高线，用粗墨线外加细线表示水体，用黑线表示园林建筑和构筑物的位置，用中粗黑线表示道路广场及园林小品，放线坐标网，作出的工程序号、透视线等。

（2）竖向设计图

竖向设计图用以表明各设计因素间的高差关系。比如山峰、丘陵、盆地、缓坡、平地、河湖驳岸等具体高程，各景区的排水方向、雨水汇集及场地的具体高程等。为满足排水坡度，一般绿地坡度不得小于5%，缓坡在8%～12%，陡坡在12%以上。

（3）道路设计图

道路设计图主要标明各种道路的具体位置、宽度、纵横坡度、排水方向及道路平、纵曲线设计要素；路面的结构、做法，路牙的安排；道路的交接、交叉口组织，不同等级道路连接、铺装大样、停车场等。

图纸内容一般包括：①在施工总平面图的基础上，用粗细不同的线条画出各种道路的位置；在转弯处，主要道路注明平曲线半径；用黑细箭头表示纵坡坡向等。②绘出一段路面的平面大样图，表示路面的尺寸和材料铺设法。在其下面一般作1：20 比例的剖面图，表示路面的宽度及具体材料的构造，每个剖面的编号应与平面对应。另外，还应该作路口交接示意图，用细黑实线画出坐标网，用粗黑实线画路边线，用中粗实线画出路面铺装材料及构造图案。

（4）种植配置图

种植配置图主要标明树木花草的种植位置、种类、种植方式、种植距离等。

第一，在施工总平面图基础上，用设计图例绘出常绿阔叶乔木、落叶阔叶乔木、落叶针叶乔木、常绿针叶乔木、落叶灌木、常绿灌木、整形绿篱、自然形绿篱、花卉、草地等具体位置和种类、数量、种植方式、株行距等搭配关系。

第二，对于重点树群、树丛、花坛及专类园等，可附种植大样图，一般使用1：100 的比例。要将群植和丛植的各种树木位置画准，注明种类数量，用细实线画出坐标网，注明树木间距。并作出立面图，以便施工参考。

（5）水景设计图

水景设计图要标明水体的平面位置、形状、深浅及工程做法。它包括如下内容：①依据竖向设计和施工总平面图，画出河、湖、溪、泉等水体及其附属物的平面位置。用细线画出坐标网，按水体形状画出各种水景的驳岸线、汀步、小桥等位置，并分段注明岸边及池底的设计标高。最后用粗线将岸边曲线画成近似折线，作为湖岸的施工线，用粗实线加深山石等。②水体平面及高程有变化的地方要画出剖面图。通过这些图表示出水体的驳岸、汀步及岸边的处理关系。③某些水景工程，还有进、泄水口大样图；池底、泵房等工程做法图；水池循环管道平面图。水池管道平面图是在水池平面位置图的基础上，用粗线将循环管道走向、位置画出，并注明管径、每段长度，以及潜水泵型号，确定所选管材及防护措施。

（6）园林建筑设计图

园林建筑设计图表现各园林建筑的位置及建筑本身的组合，选用的材料、尺寸、造型、高低、色彩等。

（7）雕塑、导示牌等园林小品设计图

参照施工总平面图画出园林小品平面图、立面图、局部详图，注明高度及要求。

（8）管线设计图

在管线初步设计的基础上，表现出上水（消防、绿化）、下水（雨水、污水）、暖气、煤气、电力、电讯等各种管网的位置、规格、埋深等。

（9）电气设计图

在电气设计的基础上标明园林用电设备、灯具等的位置及电缆走向等。

（二）施工图预算

在施工设计中要编制预算。它是实行工程总承包的依据，是控制造价、签订合同、拨付工程款项、购买材料的依据，同时也是检查工程进度、分析工程成本的依据。

该预算涵盖了施工图中所有设计项目的工程费用。其中包括：土方地形工程总造价，建筑小品工程总造价，道路、广场工程总造价，绿化工程总造价，水、电安装工程总造价等。

（三）施工设计说明书

说明书的内容是初步设计说明书的进一步深化。说明书应写明设计的依据、设计对象的地理位置及自然条件，园林绿地设计的基本情况，各种园林工程的论证叙述，园林绿地建成后的效果分析等。

五、设计实施

这是最后设计师与施工人员相配合将设计方案实现的阶段。

在施工过程中，设计师要下工地，到现场全程跟踪指导，解释施工人员随时可能遇到的设计问题，帮助修改、补充、调整相关的设计图纸。设计是关键，施工是保证，一个优秀的园林设计作品必然是设计与施工的完美结合。

设计回访也称为工程后评估。在西方发达国家，这项工作取得了明显的成效，并形成了一套较系统、规范的回访运作程序。而我国对设计回访作用的认识还有待提高。

设计回访包括两方面内容：①施工单位的回访工程项目交付使用后，在一定的期限内，即回访保修期内（例如一年左右的时间），施工单位组织原项目人员主动对交付使用的竣工工程进行回访。在此过程中，一方面要听取使用者对工程的质量和使用意见，填写质量回访表，报有关技术与生产部门备案处理；另一方面要寻找施工中的薄弱环节，以便总结经验、提高施工技术和质量管理水平。②设计师的回访是对所设计项目的实施使用情况进行一次回访，搜集各方面的使用意见，并通过查看现场，认真记录存在的问题，写出回访记录。为后来的同类设计拓宽思路，改进设计构思和方法，这对设计师的设计水平的提高会有很大的帮助和促进作用。

回访一般采用三种形式：①季节性回访大多数是雨季回访屋面、墙面的防水情况，地面的排水情况，植物的生长情况；冬季回访植物材料的防寒措施情况，驳岸工程池壁情况。②技术性回访主要了解在工程施工过程中采用的新材料、新技术、新工艺、新设备等的技术性能和使用后的效果；引进外来品种植物的生长情况等。③保修期满前的回访主要是提醒建设单位注意设施的维护、使用和管理情况。

对所有的回访和保修都必须予以记录，并提交书面报告，作为技术资料归档。项目经理部还应不定期听取用户对工程质量的意见。对于某些质量纠纷或问题应尽量协商解决，若无法达成统一意见，则由有关部门负责仲裁。

第三章 园林绿化植物的栽植与养护

第一节 植物栽植技术

一、栽植

（一）栽植前的准备

承担绿化施工的单位，在接受施工任务后，工程开工前，必须做好绿化施工的一切准备工作，以确保高质量地按期完成施工任务。

1. 了解设计意图与工程概况

第一，施工单位及人员应向设计人员了解设计意图、近期绿化效果、施工完成后所要达到的目标。

第二，了解种植与其他相关工程的范围和工程量。包括植树、铺草坪、道路、给排水、山石、建花坛以及土方、园林小品、园林设施等。

第三，了解施工期限，包括工程总进度，始、竣工日期。

第四，了解工程投资数，设计预算及设计预算定额依据。

第五，施工现场地上与地下情况。向有关部门了解地上物及处理要求，地下管网分布现状。[①]

第六，定点放线的依据。以测定标高的水位基点和测定平面位置的导线点或设计单位研究确定地上固定物作依据。

第七，工程材料来源。了解各项工程材料的来源渠道，尤其是苗木出圃地点、时间及质量。了解机械和车辆条件等。

2. 现场踏勘与调查

调查内容：①各种地上物（如房屋、原有树木、市政或农田设施等）以及须保留的地物（如古树名木等），要拆迁的如何办理有关手续与处理办法。②现场内外交通、水源、电源情况。如能否使用车辆，如何开辟新线路。③土壤情况，确定是否换土，估算客土量及其来源。④施工期间的生活设施安排。

3. 制订施工方案

根据规划设计制订施工方案。主要包括以下内容：①制订施工进度计划，分单

---

① 于宝民. 园林植物栽培 [M]. 西安：世界图书出版西安有限公司，2018.

项与总进度，规定起止日期。②制订劳动计划，根据工程任务量及劳动定额，计算出每道工序所需的劳力和总劳力。并确定劳力来源，使用时间及具体的劳动组织形式。③制订工程材料工具计划，根据工程需要提出苗木、工具、材料的供应计划，包括用量、规格、型号、使用期限等。④制订苗木供应计划，苗木是栽植工程的最重要的物质，按照工程要求保证及时供应苗木，才能保证整个施工按期完成。⑤制订机械运输计划，根据工程需要提出所需用的机械、车辆，并说明所需机械、车辆的型号、日用台班数及使用日期。⑥制订技术和质量管理措施，如制订操作细则，确定质量标准及成活率指标，组织技术培训，落实质量检查和验收方法等。

4. 施工现场准备

施工现场准备是植树工作的重要内容。主要包括以下内容。

（1）清理障碍物

为了便于栽植工作的进行，在工程进行之前，必须清除栽植地的各种障碍物。一般在绿化工程用地边界确定后，凡地界之内，有碍施工的市政设施、农田设施、房屋、树木、坟墓、堆放杂物、违章建筑等，一律应进行拆除或搬迁。对这些障碍物处理应在现场踏勘的基础上逐项落实，根据有关部门对这些地上物的处理要求，办理各种手续，凡能自行拆除的限期拆除，无力清理的，施工单位应安排力量进行统一清理。对现有房屋的拆除要结合设计要求，如不妨碍施工，可物尽其用，保留一部分作为施工时的工棚或仓库，待施工后期进行拆除，凡拆除民房要注意落实居民的安置问题。对现有树木的处理要持慎重态度，对于病虫严重的、衰老的树木应予砍伐；凡能结合绿化设计可以保留的尽量保留，无法保留的可进行移植。

（2）地形地势整理

地形整理是指从土地的平面上，将绿化地区与其他地区划分开来，根据绿化设计图纸的要求整理出一定的地形，此项工作可与清除地上障碍物相结合。对于有混凝土的地面一定要刨除，否则影响树木的成活和生长。地形整理应做好土方调度，先挖后垫，以节省投资。

地势整理主要指绿地的排水问题。具体的绿化地块里，一般都不需要埋设排水管道，绿地的排水是依靠地面坡度，从地面自行径流排到道路旁的下水道或排水明沟。所以将绿地界限划清后，要根据本地区排水的大趋向，将绿化地块适当添高，再整理成一定坡度，使其与本地区排水趋向一致。一般城市街道绿化的地形整理要比公园的简单些，主要的是与四周的道路、广场的标高合理衔接，使行道树内排水畅通。洼地填土或是去掉大量渣土堆积物后回填土壤时，需要注意对新填土壤分层夯实，并适当增加填土量，否则一经下雨或自行下沉，会形成低洼坑地，而不能自行径流排水。如地面下沉后再回填土壤，则树木被深埋，易造成死株。

（3）栽植地整理

地形地势整理完毕之后，为了给植物创造良好的生长基础，必须在种植植物的范围内，对土壤进行整理。原始农田菜地的土质较好，侵入物不多，只需要加以平整处理，不需换土。如果在建筑遗址、工程弃物、矿渣炉灰等地修建绿地，需要清除渣土换上好土。对于树木定植位置上的土壤改良，待定点刨坑后再行解决。不同的绿地类型所采取的整地方法有一定的区别。

第一，整理平缓地。对坡度 10° 以下的平缓耕地或半荒地，可采取全面整地。通常采用的整地深度为 30 cm，以利蓄水保墒。对于重点布景地区或深根性树种可翻掘到 50 cm 深，并施有机肥，借以改良土壤。平地整地要有一定的倾斜度，以利排除多余的雨水。

第二，市政工程场地和建筑地区的整地。在这些地区常遗留大量的灰槽、灰渣、砂石、砖石、碎木及建筑垃圾等，在整地之前应全部清除，还应将因挖除建筑垃圾而缺土的地方换入肥沃土壤。由于夯实地基，土壤紧实，所以应将夯实的土壤挖松，并根据设计要求处理地形。

第三，低湿地区的整地。低湿地土壤紧实，水分过多，通气不良，土质多带盐碱，即使树种选择正确，也常生长不良。解决的办法是挖排水沟，降低地下水位，防止返碱。通常在种树前一年，每隔 20 cm 左右就挖出一条长 1.5 ~ 2.0 m 的排水沟，并将掘起来的表土翻至一侧培成垄台，经过一个生长季，土壤受雨水的冲洗，盐碱减少了，杂草腐烂了，土质疏松，不干不湿，即可在垄台上种树。

第四，新堆土山的整地。挖湖堆山，是园林建设中常用的改造地形措施之一，人工新堆的土山，要令其自然沉降，然后才整地植树。因此通常在土山堆成后，至少经过一个雨季，才开始实施整地，人工土山多数不太大，也不太陡，又全是疏松新土，可以按设计进行局部的自然块状整地。

第五，荒山整地。在荒山地整地之前，要先清理地面，刨出枯树根，搬除可移障碍物。在坡度较平缓、土层较厚的情况下，可以采用水平带状整地。这种方法是沿低山等高线整成带状的地段，故可称环山水平线整地。在干旱石质荒山及黄土或红壤荒山的植树地段，可采用连续或断续的带状整地，称为水平阶整地。在水土流失较严重或急需保持水土，使树木迅速成林的荒山，则应采用水平沟整地或鱼鳞坑整地。

（4）其他附属设施的建设

其他附属设施主要包括搭建工棚、机房、食堂，安装水电，修建（维修）道路等工作及生活设施建设。

5. 苗木准备

（1）苗木数量

根据设计图纸和有关说明书等材料，分别计算每种苗（树）木的需要量。

规则式配置：苗（树）木需要量＝栽植密度 × 栽植面积

自然式配置则根据设计要求或数栽植穴确定苗（树）木需要量。在生产上应按以上方法计算的数量另加 5% 左右的苗（树）木数量，以抵消施工过程中苗（树）木的损耗。

（2）苗木质量

苗木质量的好坏直接影响栽植成活率及绿化效果，在栽植前应选择质量好的苗木。

在园林绿化中合格的苗木应具备以下条件：①根系完整发达，主根短直，接近根茎范围内要有较多的侧、须根，起苗后大根应无劈裂。②苗干粗壮、通直，有一定适合高度，枝条苗壮、无徒长现象。③具有健壮的顶芽，侧芽发育正常。④无病虫害和机械损伤。

苗木来源和种类。园林绿化中所用苗（树）木的来源主要有 3 种：①当地培育，由当地苗圃培育出来的苗木，种源及历史清楚，苗木长期生长在当地条件，一般对当地的气候及土壤条件有较强的适应性，苗木质量高，来源广，随起苗随栽植，减少苗木因长途运输对苗木的损害（失水、机械损伤），并降低运输费用。这是目前园林绿化中应用最多的。②从外地购进。从外地购买可解决当地苗木不足的问题，但应该注意做到苗木的来源清楚，苗木各项指标优良，并进行严格的苗木检疫，防止病虫害传播，但因长途运输易造成苗木失水和损伤，应注意保鲜、保湿。③从野外搜集或绿地调出的苗木。从野外收集或从已定植到绿地但因配置不合理或因基建需要进行移植的苗（树）木。一般年龄较大，移栽后发挥绿化效果快。侧、须根不发达，特别从林中搜集的苗（树）木，质量较差，抗性弱，应根据具体情况采取有力措施，做好移植前的准备工作。

无论从哪里来的苗木，根据在苗木培育过程中是否进行移植，苗木种类可分为原生苗（实生苗）和移植苗。种子播种后多年来未移植过的苗木（或野生苗），吸收根分布在所掘根系范围之内，移栽后难以成活，一般不宜用未经移植过的原生苗（野生苗）。而移植苗经过移植，截断主根，促进侧根和须根的生长，形成发达的根系，同时抑制了苗木高生长，降低茎根比值，扩大单株营养面积，苗木质量好，栽植成活率高，在园林绿化栽植中一般采用大规模的移植苗。

苗木年龄、规格。同一植物的不同年龄对栽植的成活率有很大的影响，并对成活后的适应性、抗逆性及发挥绿化效果的早晚都有密切的联系。

幼龄苗木，植株较小，根系分布范围小，起挖时根系损伤少，栽植过程（挖掘、运输和栽植）也较简便，并可节约施工费用。由于幼龄苗木容易保留较多的须根，起挖过程对树体地上与地下部分的平衡破坏较小。因此，幼龄植株栽后受伤根系再生能力强，恢复期短，成活率高，地上枝干经修剪留下的枝芽也容易恢复生长。幼龄苗木整体上营养生长旺盛，对栽植地环境的适应能力较强。但由于植株小，易遭受人畜的损伤，尤其在城市条件下，更易受到人为活动的损伤，甚至造成死亡而缺株，影响日后的景观，绿化效果发挥也较差。

壮老龄树木，根系分布深广，吸收根远离树干，起挖时伤根率较高，若措施不当，栽植成活率低。为提高栽植成活率，对起掘、运输、栽植及养护技术要求较高，必须带土球移植，施工养护费用高。但壮老龄树木，树体高大，姿形优美，栽植成活后能很快发挥绿化效果，在重点工程特殊需要时，可以适当选用；但必须采取大树移栽的特殊措施。

由于城市绿化的需要和园林绿地局部环境，一般采用年龄较大的幼青年苗（树）木，尤其是选用经过多次移植的大苗，其移栽易成活，绿化效果发挥也较快。具体选用苗木的规格，依据不同植物，不同绿化用途有不同的要求。

常绿乔木一般要求苗木树形丰满，主梢苗壮，顶芽明显，苗木高度在 1.5 m 以上或胸径在 5 cm 以上。大中型落叶乔木，如毛白杨、槐树、五角枫、合欢等树种，要求树形良好，树干直立，胸径在 3 cm 以上（行道树苗胸径在 4 cm 以上），分枝点在 2.2 ～ 2.2 m 以上。单干式灌木和小型落叶乔木，要求主干上端树冠丰满，地径在 2.5 cm 以上。多干式灌木，要求自地际分枝外，要有 3 个以上分布均匀的主枝，如丁香、金银木、紫荆、紫薇等大型灌木，苗高要求在 80 cm 以上；珍珠梅、黄刺玫、木香、棣棠等中型灌木要求苗高在 50 cm 以上；月季、郁李、金叶女贞、牡丹等小型灌木苗高一般要求在 30 cm 以上。绿篱类苗木要求树势旺盛，全株成丛，基部枝叶丰满，冠丛直径不小于 20 cm，苗木高度在 50 cm 以上；藤本类苗木，如地棉、凌霄、葡萄等，要求生长旺盛，枝蔓发育充实，腋芽饱满，根系发达，至少有 2 ～ 3 个主蔓且无枯枝现象。

（二）栽植技术

1.花坛植物栽植

（1）栽植地准备

第一，将花坛原有植被和杂物清除干净。

第二，施足基肥。视土壤肥力情况而定，一般每 100 m² 地面上可施用厩肥 200 ～ 300 kg；或堆肥（干）200 kg；或硝酸铵 1.2 kg，过磷酸钙 2.5 kg，氯化钾 0.9 kg。

第三，翻耕 2 ～ 3 次，深度 20 ～ 30 cm，使土壤与肥料充分混合，化学肥料作基肥施用时，可在翻耕后撒施，然后将床面耙匀、耙平。喷洒杀虫剂防治地下害虫。

（2）栽植方法

第一，脱盆栽植。花坛植物多数是盆栽育苗，即将开花时脱盆地栽。花丛花坛应从中间向外栽植，单面式花坛自后向前栽，高的植株应栽在花坛的高地段，适当深栽，反之，则栽在低地段，适当浅栽。平面花坛应以矮株为准，较高植株可栽深些，确保花坛观赏面高矮过渡自然，整齐一致。栽植密度以开花时叶片正好连接不露土面为好。脱盆时，先用竹片将盆壁周围的土壤拨松，用左手托住盆株，右手轻磕盆边，而后以拇指从盆底用力顶住垫孔的瓦片，向上推顶，便可使土团与花盆分离，取出平放在稍大于盆土的坑穴中，周围用细土按实，注意避免压碎盆土，损伤根系。

第二，起苗栽植法。对较耐移植的一、二年生花卉，如雏菊、半支莲等，通过移植、假植，当幼苗具有 10 ~ 12 枚真叶或苗高约 15 cm 时，按照绿化设计的要求，定位栽植到花坛中，起苗移栽要求根部带土球，利于成活。起苗移栽最好在阴天进行，降雨前移栽的成活率高，缓苗期短。就一天来说，以傍晚进行为宜，这样可经一夜的缓苗，使根系恢复吸水能力，可防凋萎。干旱季节可在起苗前一天对苗圃地和花坛地充分灌水，灌后要等表土略干后再起苗，否则土壤过干过湿都有碍起苗和活棵。起苗时，先用锹将苗四周土壤铲开，然后从侧下方将苗掘起，保持完整的土球，勿令破碎。随挖随栽，栽后充分浇水，阳光太强时要适当遮阴。

第三，模纹花坛栽植法。按照花坛图案设计要求打格放样，先栽图案的边缘，然后再栽图案的内部，并提高栽植密度。

第四，造型主体花坛栽植。根据绘制的钢制骨架结构图，焊接了动物造型或其他特殊要求的造型骨架，用铁丝网包好，灌上栽培基质（用园土、蛭石、木屑或珍珠岩等配制而成），有的大型结构需在土中间放置泡沫、稻草等，以减少蓄土量，避免由于土壤过重造成倒塌或变形。土装满后，浇水 3 ~ 4 次，使土沉实，再用土拌和成泥浆，在铁丝网外抹平待植。

按照造型图案色彩的搭配要求，将不同颜色的草花栽插到相应的部位，栽插时适当增加栽插深度，注意填土按实，栽后及时浇水。并经常进行施肥、灌水、修剪整形等养护管理。

造型装饰布置的方法很多，有的采用直接栽植树木或草坪，保持永久性观赏。在有条件的情况下，可在造型骨架上直接布置自吸、自控肥水的各种容器。既提高观赏效果，延长观赏期，又方便养护管理。

2. 树木栽植

树木的栽植程序大致包括定点、放线、挖穴、换土、起苗、包装、运苗与假植、修剪与栽植、栽后养护与现场清理。

（1）定点放线

根据园林绿化设计图，把图上设计的有关项目按方位及比例放线于地面上，确定各种植物的种植点位置。树木种植有规则式和自然式之分。规则式种植的定点放线比较简单；可以地面固定设施为准来定点放线，要求做到横平竖直，整齐美观。

其中行道树可按道路设计断面图和中心线定点放线；道路已铺成的以路牙内侧为准测定行位，若没有路牙则以道路中心线为准测定行位，再按设计确定株距，用白灰点标出来。为确保栽植行笔直，可每隔10株于株距间钉一木桩作为行位控制标记，行位控制桩不要钉在挖穴（刨坑）范围内，以免施工时挖掉木桩。

自然式成片绿地的树木种植方式有两种，一为单株，即在设计图上标出单株的位置，另一种是图上标明范围而无固定单株的树丛片林，其定点放线方法有以下3种：①平板仪定点，依据基点将单株位置及片林的范围按设计图依次定出，并钉桩标明树种、棵数。此法适用于树木种植较少的园林绿地。②网格法，适用于范围大、地势平坦的公园绿地，按比例在设计图上和现场分别找出距离相等的方格（20 m×20 m最好），定点时先在设计图上量好树木对其方格的横纵坐标距离，可按比例定出现场相应方格的位置，钉桩或撒灰线标明。③交会法，适用于范围较小，现场内建筑物或其他标记与设计图相符的绿地，以建筑物的两个固定位置为依据，根据设计图上与该两点的距离相交会，定出植树位置。钉桩或撒灰线标记。

定点放线注意事项：对孤植树、列植树，应定出单株种植位置，并用石灰标记和钉木桩，写明树种、挖穴规格；对树丛和自然式片林定点时，依图按比例测出其范围，并用石灰标出范围边线，精确标明主景树位置；其他次要树种可用目测定点，但要自然，切忌呆板、平直，可统一写明树种、株数和挖穴规格等。定点后应由设计人员验点。

（2）刨坑（挖穴）

刨坑的质量好坏，对植株以后的生长有很大的影响，城市绿化植树必须保证位置准确，符合设计意图。

刨坑规格：单植苗木刨的土坑一般为圆筒状，绿篱栽种法用的为长方形槽，成片密植小株灌木，则采用几何形大块浅坑。

确定刨坑规格，必须考虑不同树种的根系分布形态和土球规格，平生根系的土坑要适当加大直径，直生根系的土坑要适当加大深度。总之，不论裸根苗，还是带土球苗，刨坑规格要较根系或土球大些或深些。

刨坑操作规范：掌握好坑形和地点，以定植点为圆心，按规格在地面划一圆圈，从四周向下刨挖，要求挖成穴壁平直、穴底平坦，切忌挖成锅底形。

土壤堆放：刨坑时，对质地良好的土壤，要将上部表层土和下部底层（心土）分开堆放。表层土壤在栽种时要填在根部。土质瘠薄时可拌和适量堆肥或腐叶土。若刨坑部位为建筑垃圾、白灰、炉渣等有害物质时，应加大刨坑规格，拉运客土种植。

挖穴时碰到地下障碍物或公共设施时，应与设计人员或有关部门协商，适当改动位置。

（3）土壤改良与排水

城市绿地特别是建筑绿地，其土壤中可能含有大量的碎砖、碎石、石砾、石灰等废弃物。大量的生、熟石灰使土壤富钙和碱化，同时土壤被严重地污染和毒化，若不进行土壤改良，很多植物不能正常生长甚至死亡。即使有些是抗污染的植物，其能力也是有限的，生长也不好。因此，对土质不好的栽植地，需换客土，如石砾多，土壤过于坚实或被严重污染或食盐含量过高，应用疏松肥沃的客土改良。土壤较贫瘠时，可用有机肥作基肥，将肥料与土壤混合，栽植时填在根系周围。

在地势较低易积水或排水差的立地上，应注意挖排水沟和在土壤中掺入沙土或适量的腐殖土，改善土壤结构，增加通透性。也可加深栽植穴，填入部分沙砾或附近挖一个与栽植穴底部相通而低于栽植穴的渗入暗井，并在通道内填入树枝、落叶及石砾等混合物，以利根区径流排水。

（4）起（掘）苗

第一，起（掘）苗时间。

在园林绿化中起（掘）苗时间应根据植物的种类、气候条件等因素确定，并与栽植季节相衔接。适宜的起（掘）苗时间应在苗木的休眠期进行。

秋季起苗。秋季起出的苗木有两种情况，一种是随起苗随栽植；另一种是将起出的苗木进行贮藏，等到来年春天再栽植，这有利于人为控制苗木在来年春天的萌动期，使之与栽植时间吻合。大部分树种适于秋季起苗，但是有些苗木贮藏后造成苗木生活力降低，影响栽植成活率，尤其是常绿树种苗木不易贮藏，如油松和樟子松苗木生活力降低，影响造林成活率。

春季起苗。这时起苗适合于绝大多数的树种苗木，一般起苗后可立即栽植，苗（树）木不需贮藏，便于保持苗木活力。

雨季起苗。对于我国许多季节性干旱严重的地区，春秋两季的降水较少，土壤含水量低，不利于某些苗（树）木栽植成活。而采用雨季造林，土壤墒情好，苗（树）木成活有保证，所以要求雨季起（掘）苗。适宜树种有侧柏、油松、马尾松、云南松、水曲柳、核桃楸、樟树等。

第二，起苗前的准备。

步骤如下：①挖掘对象的确定。根据苗木的质量标准和规格要求，在苗圃中认真选择符合要求挖掘的对象，并做好记号，以免漏挖或错挖。②拢冠。常绿树尤其是分枝低、侧枝分权角度大的树种，及冠丛较大的灌木或带刺灌木，为了使挖掘、搬运方便及不损伤苗（树）木，掘前应用草绳将树冠适度地捆拢。对分枝较高，树干裸露，皮薄光滑的树木，因其对光照与温度的反应敏感，若栽植后方向改变易发生日灼和冻害，在挖掘时应在主干较高处的北面标记"N"字样，以便按原来方向栽植。③苗圃地准备。为了有利于挖掘，少伤苗木根系，若苗圃地过湿应提前开沟排水；若过干燥应提前数天灌水。④工具材料准备。起苗前应准备好锋利的起苗工具及各种包装、捆扎材料。

第三，起苗规格。

起（掘）苗规格的确定与起苗、运输的工作量及保留的根量有关，直接影响到栽植成本及苗（树）木质量。合理的规格能保证在尽可能小的挖掘范围内保留尽可能多的根量，根系的损伤量也小。起苗规格大小因植物种类、苗木规格、栽植季节、是否带土球等因素而定。

乔木树种挖掘的根部直径或土球规格一般为树干胸径 8 ~ 12 倍，落叶花灌木挖掘的根部直径为苗高的 1/3 左右；分枝点高的常绿树挖掘的根部直径为胸径的 6 ~ 10 倍；分枝点低的常绿树挖掘的根部直径为苗高的 1/3 ~ 1/2。

第四，挖掘。

根据所起苗木是否带土，可分为裸根起苗和带土起苗。

裸根起苗，此法保存根系比较完整，便于操作，节省人力、物力，运输、栽植比较方便，成本低，只要起苗技术合理，也可取得较好的效果。但由于根系裸露，容易失水干燥和损伤根系，栽植成活率受到一定的影响。适用于大多数落叶树种和少数常绿树小苗，大多数阔叶树的休眠期栽植也可用裸根起苗。

起小苗时，先在第一行苗木前顺着苗行方向距苗行 20 cm 左右挖一条沟，在沟壁下部挖出斜槽，根据起苗要求的深度切断苗根，再于第一、二行苗木中间切断侧根，并把苗木与土一起推至在沟中即可取出苗木。如有未断的根，先切断再取苗木。不要用力拔苗，以防损伤苗木的须根和侧根。

大规格苗木起苗时，应单株挖掘，掘苗前要先以树干为圆心按规定直径在苗（树）木周围画一圆圈，然后在圆圈以外动手下锹，挖足深度后再往里掏底。在往深处挖的过程中，遇到根系可以切断，圆圈内的土壤可边挖边轻轻搬动，不能向圆内根系砍掘。挖至规定深度和掏底后，轻放植株倒地，不能在根部未挖好时就硬推生拔树干，以免拉裂根部和损伤树冠。根部的土壤绝大部分可去掉，但如根系稠密，带有护心土，则不要打除，而应尽量保存。

裸根起苗要掌握好质量要求：所带根系的规格大小应符合要求，尽量多带根系，防止侧、须根损伤；对有病伤、劈裂及过长的主侧根都需进行适当修剪，为防止根系失水，要边起、边栓、边处理、边假植（或及时包装运输）；为避免根系过多失水，不宜在大风天起苗。

带土球起苗。将苗木一定范围内的根系，连土掘削成球状，用蒲包、草绳或其他软材料包装起出。此法根系未受损伤并带有部分原土，根系不易失水，栽植后植物恢复生长快，成活率高。但操作困难、运输不便，栽植成本比裸根栽植高。一般适用于常绿树、名贵树木和较大的花灌木。目前生产上竹类栽植、生长季节落叶树栽植也常用此法。

挖掘开始时，先铲除树干周围的表层土壤，直到不伤及表面根系为准，然后按规定半径绕干基画圆，在圆外垂直开沟到所需深度后向内掏底，边挖边修削土球，并切除露出的根系，使之紧贴土球。伤口要平滑，大切面要消毒防腐。

直径小于 20 cm 的土球，可以直接将底土掏空，以便将土球抱到坑外包装；直径大于 50 cm 的土球，应将底土中心保留一部分，支住土球，以便在坑内进行包装。

（5）苗木包装

裸根苗一般不需包扎，但为了保证裸根根系不致过分失水，可用湿草包起或打泥浆等。

带土球的苗木是否需要包扎及怎样包扎，依土球大小、土质松紧度、根系盘结程度和运输距离而定。一般近距离运输、土质较坚实不易掉落，土球较小的情况下，可以不进行包扎或只进行简单包扎。如果土球直径不超过 50 cm，且土质不松散，可用稻草、蒲包、草包、粗麻布或塑料布等软质材料在穴外铺平，然后将土球挖起修好后放在包装材料上，再将其向上翻起绕干基扎牢；也可用草绳沿土球径向几道，再在土球中部横向包扎一道，使径向草绳固定即可。如果土球较松，应在坑内包扎，并考虑要在掏底包扎前系数道腰箍。

当土球直径大于 50 cm 以上或包扎大树时，参照"大树移植"部分有关内容。

另外，在北方冬季土壤结冻时，采用冰坨起苗，挖出来的土球就是一个冻土团，不需包扎，可直接运输。

（6）运苗

挖起并包装好的苗木，装运前应按标准检查质量、清点树种、规格、数量并填写清单。装车时要轻抬轻放，防止损伤树皮及枝叶，更不能损伤主轴分枝树木的枝顶或顶芽，以免破坏树形。带土球的苗木应抬着上车，防止土球松散。应选择速度快的运输工具。用卡车运输时，苗木根部装在车厢前面，先装大苗、重苗、大苗间隙填放小苗。树干与车厢接触处要衬垫稻草或草包等软材料，避免磨损树皮。苗木间衬垫物品，防止苗木滚动。树冠宽大，拖地的枝条应用绳索拢起垫高，离开地面。长途运输时，为减少风吹日晒而失水，苗上要盖苫布。母竹上下车时，要防止根蒂受伤及宿土脱落，不要碰伤鞭芽。

运输途中，要经常检查苗木周围的温度和湿度，若发现发热或湿度不够，要适当浇水。用塑料包根的苗木，当温度过高时，打开包通气降温，运到目的地后，及时卸车假植，如苗木失水过多，先将苗木用水浸泡一昼夜再进行假植。

（7）假植与寄植

第一，假植。苗木运到施工现场，未能及时栽植或未栽完者，可用湿土（沙）将苗根埋严，称"假植"。根据苗木栽植时间长短，可采取对应的"假植"措施。

对临时放置的裸根苗，可用苫布或草帘盖好。干旱多风地区应在栽植地附近挖浅沟，将苗木呈稍斜放置，挖土埋根，依次一排排假植好。若需较长时间假植，应选不影响施工的附近地点挖一宽 1.5 ~ 2 m，深 30 ~ 40 cm，长度视需要而定的假植沟，将苗木分类排码，码一层苗木，根部埋压一层土，全部假植完毕以后，还要仔细检查，一定要将根部埋严，不得裸露。若土质干燥还应适量灌水，保证根部潮湿。

带土球苗木，运到工地以后，如能很快栽完则可不假植，如 1 ~ 2 天不能栽完，应选择不影响施工的地方，将苗木码放整齐，四周培土，树冠之间用草绳围拢。假植时间较长者，土球间隔也应填土，并根据需要经常给苗木进行叶面喷水。

第二，寄植。是指建筑或园林基础工程尚未结束，而结束后又须及时栽植的情况下，为了储存苗木，促进生根，将植株临时种植在非定植地或容器中的方法。

寄植比假植的要求高。一般是在早春树木发芽之前，按规定挖好土球苗或裸根苗，在施工现场附近进行相对集中的培育。对于裸根苗，应先造土球再行寄植。造土球的方法：在地上挖一个与根系大小相当，向下略小的圆形土坑，坑中垫一层草包、蒲包等包装材料。按正常方法将苗木植入坑中，将湿润细土填入根区，使根、土密接，不留任何大孔隙，也不要损伤根系。然后将包装材料收拢，捆在根颈以上的树干上，脱出假土球，加固包装，即完成了造土球的工作。

寄植土球苗一般可用竹筐、藤筐、柳筐及箱、桶或缸等容器，其直径应略大于土球，并应比土球高 20 ~ 30 cm。先在容器底部放一些栽培土，再将土球放在正中，四周填土，分层压实，直至容器上沿 10 cm 时筑堰浇水。寄植场应设在交通方便，水源充足而不易积水的地方。容器摆放应便于搬运和集中管理，按树木的种类，容器的大小及一定的株行距，在寄植场挖相应于容器高 1/3 深的置穴。将容器放入穴中，四周培土至容器高度的一半，拍实。寄植期间适当施肥、浇水、修剪和防治病虫害。在水肥管理中应特别注意防止植株徒长，增强抗性。待工程结束时，停止浇水，提前将容器外培的土耙平，待竹木等吸湿容器稍微风干坚固以后，立即移栽。

（8）栽植前苗木处理

第一，蘸泥浆。将根系放在泥浆中蘸根，使根系形成湿润保护层，实践证明能有效保护苗木活力。泥浆的种类及物理特性对蘸根的效果影响很大。有些泥浆采用黏土，在苗木根系上风干后结成坚硬土块，将这些苗木分开会严重伤害苗木的须根及菌根，降低苗木活力。理想的泥浆应当在苗根上形成一层薄薄的湿润保护层，不至于使整捆苗木形成一个大泥团，苗捆中每株苗木的根系能够轻易分开，对根系无伤害。适宜泥浆土的物理特性为：pH 值为 4.5 ~ 6.2，细沙含量为 31% ~ 51%，粗沙含量为 1% ~ 19%，淤泥含量 16% ~ 35%，黏土含量 14% ~ 26%。

第二，浸水。在起苗后对苗木根部浸水，在定植前再浸一次水，效果比蘸泥浆更好。浸水最好用流水或清水，时间一般为一昼夜，不宜超过 3 天。

第三，水凝胶蘸根。水凝胶蘸根是将一定量的强吸水性高分子树脂（简称吸水剂）加水稀释成凝胶，然后把苗根浸入使凝胶均匀附着在根系表面，形成一层保护层，从而防止水分蒸发。如 HSPAN 吸水剂、VAMA 吸水剂等。

第四，HRC 苗木根系保护剂。HRC 苗木根系保护剂是黑龙江省林业科学研究所在吸水剂的基础上，加入营养元素和植物生长激素等成分研制而成的，以保护苗木根系为主要目的复合材料。HRC 为浅灰色粉末，细度为 40 ～ 60 目，有效磷含量为 10%，药剂吸水量为自身重量的 70 倍以上。HRC 药剂加适量水后呈胶冻状，主要使用方法是将苗木根系浸蘸该胶状物。用药后，由于 HRC 苗木根系保护剂内各成分的作用，苗木根系表面形成含有各种有效成分的胶状膜。一方面保护了苗木根系，另一方面使苗木在栽植后处于有较好水分和营养元素的微环境中，保持并提高了苗木生活力，促使根系快发、速长。

第五，苗木栽植包。苗木栽植包由聚氨酯泡沫材料或具有保水性的类似材料制成，这种内填聚氨酯泡沫的保湿包，能保持苗木处于湿润状态达数小时，足以使苗木在栽植过程中免除干燥的危险。同时，栽植者还能将包挎在腰间，腾出手来进行苗木栽植，这在许多国家是一种比较常见的苗木保护方法。

第六，抗蒸腾剂的使用。抗蒸腾剂（抗干燥剂）的适时使用，有利于减少叶片失水，有利于提高栽植成活率和促进树木的生长。国外的抗蒸腾剂有 3 种主要类型，即薄膜形成型、气孔开放抑制型和反辐射降温型。现今商业上常用的抗蒸腾剂是薄膜形成型的药剂，其中有各种蜡制剂、蜡油乳剂、塑料硅胶乳剂和树脂等。

薄膜型抗蒸腾剂是在枝叶表面形成薄膜而减少蒸腾，如在树木移栽前喷洒 Wilt-Pruf 液态塑料，先用水稀释，再用压力喷雾器或一般喷雾器喷到叶和茎上，约 20 min 后就可干燥，形成一层可以进行气体交换而阻滞水汽通过的胶膜，减少叶片失水。

用于常绿阔叶树的喷洒液是 1 份 Wilt-Pruf 加 4 ～ 6 份水混合，在冰点以上的气温下细雾喷洒。这种混合液只需喷在叶子的表面。使用过的喷雾器等应用肥皂水立即彻底冲洗干净，否则 Wilt-Pruf 就会硬化，堵塞喷嘴和其他部件。

此外，也可在叶和干上喷各种蜡制剂，使所有的表面结一层薄蜡，可有效地防止（减少）蒸腾。许多树木栽培者利用这种方法进行带叶栽植。

（9）定植

所谓定植，指按设计将苗木栽植到位，不再移动，其操作程序分为散苗和栽苗两个环节。

第一，散苗。将苗木按设计图纸，散放在定植坑旁边，称为散苗。对行道树和绿篱苗，散苗前要进行苗木分级，以便使所配相邻苗木保持栽后大小，长势趋于一致，尤其是行道树相邻两株的高度要求相差不超过 50 cm，干径相差不超过 1 cm。散苗时按穴边木桩写明的树种配苗，做到"对号入座"，应边栽边散。对常绿树应把树形最好的一面朝向主要观赏面。树皮薄，外露的孤植树，最好保持原来的阴阳面，以免引起日灼。配苗后还应及时按图核对，检查调整。散苗时注意保证位置准确，轻拿轻放，防止土球破碎。

第二，栽苗。因裸根苗和带土球苗而不同。

裸根苗栽植。一般2人为一组，填些表土于穴底，堆成小丘状，放苗入穴，比试根幅与穴的大小和深浅是否合适，并进行适当修理。行列式栽植，应每隔10～20株先栽好对齐用的"标杆树"。如有弯干之苗，应弯向行内，并与"标杆树"对齐，左右相差不超过树干的一半，这样才整齐美观。具体栽植时，一人扶正苗木，一人先填入拍碎的湿润表层土，约达穴的1/2时，轻提苗，使根自然向下舒展。然后踩实，继续填满穴后，再次踩实，最后盖上一层土与原根颈痕相平或略高3～5 cm；灌木应与原根颈痕相平。然后用剩下的底土在穴外缘筑灌水堰。对密度较大的丛植地，可按片筑堰。

带土球苗栽植。先量好已挖坑穴的深度与土球高度是否一致，对坑穴做适当填挖调整后，再放苗入穴。在土球四周下部垫入少量的土，使树直立稳定，然后剪开包装材料，将不易腐烂的材料一律取出。为防栽后灌水土塌树斜，填入表土至一半时，应用木棍将土球四周砸实，再填至满穴并砸实（注意不要弄碎土球），做好灌水堰，最后把捆拢树冠的草绳等解开取下。

栽苗技术要求。栽苗可分为以下三步。

第一步，应确定合理栽植深度。栽植深度是否合理是影响苗（树）木成活的关键因素之一。一般要求苗（树）木的原土痕与栽植穴地面齐平或略高。栽植过深，容易造成根系缺氧，树木生长不良，逐渐衰亡；栽植过浅，树木容易干枯失水，抗旱性差。苗木栽植深度也受树木种类、土壤质地、地下水位和地形地势影响。一般根系再生力强的树种（如杨柳、杉木等）和根系穿透力强的树种（如悬铃木、樟树等）可适当深栽，土壤排水不良或地下水位过高应浅栽；土壤干旱、地下水位低应深栽；坡地可深栽，平地和低洼地应浅栽。

第二步，要确定正确的栽植方向。树木，特别是主干较高的大树，栽植时应保持原来的生长方向。如果原来树干朝南的一面栽植朝北，冬季树皮易冻裂，夏季易日灼。此外，为提高树木观赏价值，应把观赏价值高的一面朝向主要观赏方向，如将树冠丰满的一面朝向主要观赏方向（入口处或行车道）；树冠高低不平时，应将低矮的一面栽在迎面，高的一面栽在背面；苗木弯曲时，应使弯曲面与行列的方向一致。

第三步，保证根系与土壤密接。在裸根苗栽植中，保证根系与土壤紧密接触，能使根系有效地吸收土壤中的水分，提高栽植成活率。要做到根系与土壤密接，首先填土要细碎，覆土不含石块、草根等杂物；其次覆土要紧实；栽植前根系浸水蘸泥浆，栽后浇定根水等。

（10）栽后养护管理

栽植工程完毕，为了巩固绿化成果，提高栽植成活率，还必须加强后期养护管理工作。

第一，立支柱。高大的树木，特别是带土球栽植的树木应当支撑。这在多风地区尤其重要，支柱的材料各地有所不同，有竹竿、木棍、钢筋水泥柱等。支撑绑扎的方法有 1 根支柱，3 根支柱和牌坊形支柱等形式。

第二，浇水。树木定植后必须连续浇灌 3 次水，尤其是气候干旱，蒸发量大的地区更为重要。第 1 次水应在定植后 24 h 之内，水量不宜过大，浸入坑土 30 cm 以下即可，主要目的是通过灌水使土壤缝隙填实，保证树根与土壤紧密结合。第 2 次灌水距头次水 3 ~ 4 天，第 3 次距第 2 次水 7 ~ 10 天，要求浇透灌足。浇水应注意两点，一是避免频繁少量浇水，二是超量大水漫灌。

近年来，在园林绿化中已越来越多采用浇水新技术、新方法。如一种被称作"水洞"的聚乙烯（PVC）管，顶部开口，管径约 8 cm，侧面有 24 个小孔。将其埋入土壤，顶端与地面平。每棵树至少有两个水洞。这类装置不但有利于灌水，而且可减少水分流失。

第三，修剪。当树木栽植后应疏剪干枯、短截、折坏、碰伤枝，适当回缩多年生枝，以促使新枝萌发。绿篱栽植后，要拉线修剪，做到整齐、美观、修剪后及时清理现场。

第四，裹干。移植树木，特别是易受日灼危害的树木，应用草绳、麻布、帆布、特制皱纸（中间涂有沥青的双层皱纸）等材料包裹树干或大枝。经裹干处理后，一可避免强光直射和干风吹袭，减少树干，树枝的水分蒸发；二可储存一定量的水分，使枝干经常保持湿润；三可调节枝干温度，减少夏季高温和冬季低温对枝干的伤害。目前，有些地方采用塑料薄膜裹干，此法在树体休眠阶段使用，效果较好，但在树体萌芽前应及时撤换。因为，塑料薄膜透气性能差，不利于被包裹枝干的呼吸作用，尤其是高温季节，内部热量难以及时散发而引起的高温会灼伤枝干，嫩芽或隐芽，对树体造成伤害。裹干材料应保留两年或让其自然脱落。为预防树干霉烂，可在包裹树干之前，于树干上涂抹杀菌剂。

第五，树盘覆盖。对于特别有价值的树木，尤其是秋季栽植的常绿树，用稻草、秸秆、腐叶、土等材料覆盖树盘（沿街树池也可用沙覆盖），可减少地表蒸发，保持土壤湿润，防止土温变幅过大，提高树木移植成活率。

二、大树移植

大树移植，即移植大型树木的工程。所谓大树是指：树干和胸径一般在 10 ~

40 cm 或更大，树高在 5 ~ 12 m，树龄在 10 ~ 50 年或更长。

（一）大树移植的特点

大树移植成活困难，主要由以下几方面原因造成：①树木愈大，树龄越老，细胞再生能力越弱，损伤的根系恢复慢，新根发生能力较弱，造成成活困难。②树木在生长过程中，根系扩展范围很大，使有效地吸收根处于深层和树冠投影附近，而移植所带土球内吸收根很少，且高度木栓化，故极易造成树木移栽后失水死亡。③大树的树体高大，枝叶蒸腾面积大，为使其尽早发挥绿化效果和保持原有优美姿态，多不进行过重修剪，因而地上部蒸腾面积远远超过根系的吸收面积，树木常因脱水而死亡。

（二）大树移植前的准备工作

1. 做好规划与计划

在移栽大树前必须做好规划与计划，包括栽植的树种规格、数量及造景要求等。为了促进移栽时所带土壤具有尽可能多的吸收根群，应提前对大树进行断根缩坨，提高移栽成活率。事实上，许多大树移植失败，是由于事先没有对备用大树采取过促根措施，而是临时应急，直接从郊区、山野移植造成的。

2. 选树

对可供移植的大树实地调查，包括树种、树龄、干高、干粗、树高、冠径、树形，进行测量记录，注明最佳观赏面的方位，并摄影。调查记录土壤条件，周围情况；判断是否适合挖掘、包装、吊运；分析存在的问题和解决措施，此外，还应了解大树的所有权、是否属于被保护对象等。选中的树木应立卡编号，在树干上做一明显标记。适宜移植的大树应具备以下条件：①适宜本地生长的树种，尤其是乡土树种。②选用长势强的青壮龄大树。③选择便于挖掘和运输的大树。④适宜大树移植的树种，比如油松、白皮松、桧柏、云杉、柳树、杨树、槐树、白蜡、悬铃木、合欢、香椿、松树、雪松、龙柏、黑松、广玉兰、五针松、白玉兰、银杏、香樟、七叶树、桂花、泡桐、罗汉松、石榴、榉树、朴树、杨梅、女贞、珊瑚树、凤凰木、木棉、桉树、木麻黄、水杉、榕树等。

3. 断根缩坨

为了提高大树移植成活率，在移植前应保证在所带土球范围内有足够的吸收根群，使栽植后很快达到水分平衡而成活，一般采用断根、缩坨方法，具体做法是：选择能适应当地自然环境条件的乡土树种，以浅根和再生能力强且易于移栽成活的树种为佳。在移栽前 2 ~ 3 年的春季和秋季，围绕树干先挖一条宽 30 ~ 50 cm、深 50 ~ 80 cm 的沟，其中沟的半径为树干 30 cm 高处直径的 5 倍。第一年春季先将沟挖一半，不是挖半圆，而是间隔成几小段，挖掘时碰到比较粗的侧根要用锋利的手锯切断，如遇直径 5 cm 以上的粗根，为防大树倒伏，一般不切断，于土球壁处行环状剥皮（宽约 10 cm）后保留，涂抹 0.01% 的生长素，以促发新根。沟挖好后用拌和着基肥的培养土填入并夯实，然后浇水，第二年春天再挖剩下的另几个小段，待第 3 年移植时，断根处已经长出许多须根，易成活。

4. 修剪

移植前需进行树冠修剪，修剪强度依树种而异。萌芽力强的、树龄大的、叶薄稠密的应多剪；常绿树，萌芽力弱的宜轻剪。从修剪程度看，可分全苗式、截枝式和截干式 3 种。全苗式原则上保留原有的枝干树冠，只将徒长枝、交叉枝、病虫枝及过密枝剪去，适用于萌芽力弱的树种，如雪松、广玉兰等，栽后树冠恢复快，绿化效果好。截枝式只保留树冠的一级分枝，将其上部截去，如香樟等一些生长较快、萌芽力强的树种。截干式修剪，只适宜生长快，萌芽力强的树种，将整个树冠截去，只留一定高度的主干，如悬铃木、香樟、榕树等。由于截口较大易引起腐烂，应将截口用蜡或沥青封口。

5. 挖穴

大树起挖前，栽植穴应预先按照规格要求挖好，并准备足够的回填土和适量的有机肥。挖掘方法同一般树木移栽挖掘方法相同。

6. 移植工具与材料准备

大树移植前应预先联系和准备好移植施工所需的各种工具、材料以及必要的机械设备。根据移植树木的年龄、规格和土壤黏性，选择工具材料及设备。如果树龄较小，土壤较黏重，则可采用软材料包装法，即准备若干草绳、蒲包片、麻袋等软材料。如果树龄较大或土壤较疏松，则需要用硬质材料包装，即木箱包装法。裸根移植，移植前应准备湿草包、遮阳网等遮阴保湿材料，并准备好泥浆。带土球大树移植需用机械设备，通常需要一辆吊车和一辆卡车，其吨位根据树木和土球大小确定。

（三）大树移植的方法与技术

大树移植方式因树种、规格、生长习性、生态环境及移植时期而异。通常可分为带土球移植和裸根移植两类。带土球移植又可分为木箱包装移植和软材包装移植两种。

1. 木箱包装移植法

对于必须带土球移植的树木，土球规格如果过大（如直径超过 1.3 m 时），很难保证吊装运输的安全和不散坨，应改用木箱包装移植。木箱包装移植适于移胸径 15 ~ 30 cm 或更大的树木以及沙性土壤中的大树。

（1）掘苗准备工作

掘苗前，应先对起树地点到栽植地点的运行路线进行踏勘，使超宽超高的大树能顺利运送。

（2）掘苗操作

第一，掘苗。掘苗时，以树干为中心，以树木胸径（即树木地面 1.2 m 处的树干直径）7 ~ 10 倍再加 5 cm 为标准划成正方形，沿划线的外缘开沟，沟宽 60 ~ 80 cm，沟深与留土台高度相等。修平的土台尺寸稍大于边板规格，以便保证箱板与土台紧密靠实，每一侧面都应修成上大下小的倒梯形，一般上下两边相差 10 cm 左右。挖掘时，如遇到较大的侧根，可用手锯锯断，其锯口应留在土台里。

第二，装箱。先将土台的 4 个角用蒲包包好，后用 4 块专制的箱板夹附 4 侧，用钢丝绳或螺钉使箱板紧紧围住土块，而后将土块底部两边掏空，中间只留一块底板时，应立即上底板，并用木墩、油压千斤顶将底板四角顶紧，再用 4 根方木将木箱板 4 个侧面的上部支撑住，防止土台歪倒。接着再向中间掏空底土，迅速将中间一块底板钉牢。最后修整土台表面，铺盖一层蒲包片，钉上盖板。

第三，吊运、装车。吊运、装车必须保证树木和木箱的完好以及人员的安全。装运前，应先计算土球重量，以便安排相应的起重工具和运输车辆。

吊装带木箱的大树，应先用一根较短的钢丝绳，横着将木箱围起，把钢丝绳的两端扣放在木箱的一侧，即可用吊钩钩好钢丝绳，缓缓起吊。当树身慢慢躺倒，木箱尚未离地面时，应暂时停吊，在树干上围好蒲包片，捆好土球中部的腰绳，将绳的另一端也套在吊钩上。继续将树身缓缓起吊。

装车时，树冠向后，用两根较粗的木棍交叉成支架放在树干下面，同时支撑树干，在树干与支架相接处应垫上蒲包片，以防磨伤树皮。树冠应用草绳围拢紧，以免树梢垂下拖地。

（3）栽植

栽植大树的坑穴，应比木箱直径大 50 ~ 60 cm，深度比木箱的高度深 20 ~ 30 cm，并更换适于树木生长的培养土，在坑底中心部位要堆一个厚 70 ~ 80 cm 的方形土堆，以便放置木箱。吊装入穴时，要将树冠最丰满面朝向主要观赏方向。栽植深度以土球或木箱表层与地表平为标准，树木入穴定植后应先用支柱将树身支稳，再拆包装物，并在土球上喷洒 0.001% 浓度的萘乙酸，每株剂量 500 g 以促进新根萌发，然后填土，每填 20 ~ 30 cm 应夯实一下，直至填满为止。

不耐水湿的树种和规格过大的树木，宜采用浅穴堆土栽植，即土球高度的 4/5 入穴后，然后堆土成丘状，这样根系透气性好，有利于根系伤口的愈合和新根的萌发。

填土完毕后，在树穴外缘筑一个高 30 cm 的土墙进行浇水。第一次要浇足，隔一周后浇第二次水，以后根据不同树种的需要和土壤墒情合理浇水。

2. 软材包装移植法

（1）移植工具的准备

掘苗的准备工作与方木箱的移植相似，但不需要木箱板、铁皮等材料和某些工具材料，只要备足蒲包片、麻袋、草绳等物即可。

（2）掘苗操作

土球的大小，可按树木胸径 7 ~ 10 倍来确定，开挖前，以树木为中心，按比土球直径大 3 ~ 5 cm 为尺寸划一圆圈，然后沿着圆圈挖一宽 60 ~ 80 cm 的操作沟，土球厚度不小于土球直径的 1/3。挖到底部应尽可能向中心刨圆，一般土球的底径不小于球径的 1/4，形成上部塌肩形，底部锅底形。便于草绳包扎心土。起挖时如遇到支撑根要用手锯锯断，切不可用锹断根，以免将土球震散。

土球包扎是将预先湿润过的草绳于土球中部缠腰绳，两人合作边拉绳，边用木槌敲打草绳，使绳略嵌入土球为度。要使每圈草绳紧靠，总宽达土球高的 1/4 ~ 1/3（约 20 cm）并系牢即可。在土球底部刨挖一圈底沟，宽度 5 ~ 6 cm，这样有利草绳绕过底沿不易松脱，然后用蒲包、草绳等材料包装。草绳包扎方式有橘子式、井字式、五角式 3 种。

（3）吊装运输

大树移植中吊装是关键，起吊不当往往造成泥球损坏，树皮损伤，甚至移植失败。通常采用吊杆法吊装，可最大限度地保护根部，但是应该注意对树皮采取保护措施。一般用麻袋对树干进行双层包扎，包扎高度从根部向上 1.5 m，然后用 150 cm × 6 cm × 6 cm 的木方或木棍紧挨着树干围成一圈，用钢丝绳进行捆扎，并要用紧线器收紧捆牢，以免起吊时松动而损伤树皮。起吊时将钢丝绳和拔河绳用活套结固定在离土球 40 ~ 60 cm 树干处，并在树干上部系好缆风绳，以便控制树干的方向和装车定位。另一种吊装方法是土球起吊法，先用拔河绳打成"O"形油瓶结，托于土球下部，然后将拔河绳绕至树干上方进行起吊，其缺点是，起吊时土球容易损坏。

（4）栽植

种植方法与方木箱种植方法基本相同，所不同的是，树木定位后先用缆风绳临时固定，剪去土球的草绳，剪碎蒲包片，然后分层填土夯实，浇水 3 次。

3. 裸根移植

对某些规格不太大（胸径 10 ~ 15 cm），生根能力又较强的落叶树种，如柳树、悬铃木、杨树等，在休眠期也可进行裸根移栽。其过程包括挖穴、起树和栽植。

（1）挖穴

栽植穴大小根据树龄和根系大小而定。一般树木胸径达 10 cm 时，树穴直径和深度分别为 120 cm 和 100 cm；树木胸径 15 cm 左右，则树穴直径和深度分别是 150 cm 和 100 ~ 120 cm。树穴大小是否符合要求，以树木根系能否在穴中充分舒展和根颈部基本与地面相平为准。穴底应填以疏松肥沃的土壤，并使穴底稍稍隆起。

（2）起挖

挖掘之前，根据树木种类、大小及根系分布情况，确定树木保留根系范围。一般与大苗起挖的方法和要求基本相同。虽是裸根，但在根系中心部位仍需保留"护心土"，树木抬出土坑后，裸根要立即涂洒泥浆，防止根系失水，并用湿草袋或蒲包将根系包裹或遮盖起来，保护根系。树冠修剪一般在挖掘前，也可在树木放倒后进行。悬铃木等行道树可除去顶梢，只留几个短支柱或根据需要进行截干，既方便运输，又利于树木成活。

（3）栽植

看准树木位置、朝向，争取一次栽植成功，并将树木扶正，同时从四周进行填土。先填表土，后填底层土。若土质太差，则须另换客土填入。土壤比较干燥时，可先向穴内灌入养根水（又称底水），待水渗入土层并看不到积水时再填土，轻轻压实，最后加填一层疏松土壤，埋至根颈部以上 20 ～ 30 cm 作蓄水土圩，树木成活后，一般在第 2 年将多埋的土壤挖去并整平，根颈部露出地面。

4. 冻土球移植法

冻土球移植法即土壤冻结时挖掘土球，土球挖好后不必包装，可利用冻结河道或泼水冻结地面用人、畜拉运。优点是可以利用冬季农闲时节，节省包装和减轻运输成本。在中国北方多用冻土球移栽法。

通常选用当地耐寒的树种进行移栽。如果冻土不深，可在土壤结冻之前灌水，待气温降至 −12℃ ～ −15℃，土层冻结深度达 20 cm 左右时，开始用十字镐等挖掘土球。如果下层土壤尚未结冻，则应等待 2 ～ 3 天后继续挖，直至挖出土球。如果事先未灌水，土壤冻结不实，则应在土球上泼水促冻。土球树的运输除一般方法外，还可利用雪橇或爬犁等运输，十分方便。

5. 机械移植

由于大树移栽工程的需要，近年来一些发达国家有许多设计精良、效率很高的树木移栽机械进入市场，供专业树木栽培工作者和园林部门使用。在美国这类机械有两种类型：拖带式和自动式。拖带式移栽机有 2、6 或 8 轮的，由卡车或拖拉机拖带，土球的重量多集中在后轮上，且正好停在后轮前的遥架上，前轮控制移栽机的平衡与方向。自动式的树木移栽机安装在卡车上。

在应用植树机栽植时，根据所需根球的大小选择植树机的类型十分重要。因为挖掘的根球必须符合国家和当地的最低要求。美国规定从苗圃以外选择移栽的树木，其最小根球标准是：常绿针叶树为树干直径的 8 倍；落叶树为 9 倍。例如，用 44 型挖树机，只限于挖掘 10.5 cm 左右干径的树木，干径测定位置是地面以上 15 cm 的地方。

当然，按照根球的最低标准挖掘，并不能保证树木有足够的根系，而且在实际操作中也不可挖掘太大的土球，以保证树木有足够根系。

机器移栽最好的方法是，先按要求用机器或手工准备好植穴，再将挖掘好的树木根球放入坑内，在撤出机械铲之前，先回土 1/3，捣实后撤出机械铲并完成全部栽植工作。

（四）栽后养护管理

第一，支撑。高大乔木栽植后应立即用支柱支撑树木，防止大风松动根系。

第二，浇水。对常绿乔木可在树干上部安装喷雾装置，减少叶面蒸腾，避免因地上部分失水过多而影响成活。

第三，地面覆盖。在根的周围铺上堆肥或稻草、草帘等，厚度 5 cm 左右，目的是保湿防寒。

第四，搭棚遮阴。夏季应搭建荫棚，以防过于强烈的日晒。

第五，树干包扎。可用草绳将树干全部包扎起来，每天早、晚喷 1 次水。保持草绳湿润即可。

第六，修补、包扎损伤的树皮，对残枝、伤枝进行疏剪，保持树形完整。

三、非适宜季节园林树木栽植技术

有时由于有特殊需要的临时任务或由于其他工程的影响，不能在适宜季节植树。这就需要采用突破植树季节的方法。其技术可按有无预先计划，分成两类。

（一）有预先移植计划的栽植方法

当已知建筑工程完工期，不在适宜种植季节，仍可于适合季节进行掘苗、包装，并运到施工现场高质量假植养护，待土建工程完成后，立即种植。通过假植后种植的树木，只要在假植期和种植后加强养护管理，成活率一般较高。

1. 落叶树的移植

由于种植时间是在非适合的生长季，为了提高成活率，应预先于早春未萌芽时进行带土球掘（挖）好苗木，并适当重剪树冠。所带土球的大小规格可仍按一般规定或稍大，包装要较一般规定更厚、更密些。如果只能提供苗圃已在去年秋季掘起假植的裸根苗，应在此时人造土球（称作"假坨"）并进行寄植。期间应当适当施肥、浇水、防治病虫、雨季排水、适当疏枝、控徒长枝、去嘴等。

待施工现场能够种植时，提前将筐外所培之土扒开，停止浇水，风干土筐；发现已腐朽的应用草绳捆缚加固。吊装时，吊绳与筐间应垫块木板，以免勒散土坨。入穴后，尽量取出包装物，填土夯实。经多次灌水或结合遮阴保其成活后，酌情进行追肥等养护。

2. 常绿树的移植

先于适宜季节将树苗带土球掘起包装好，提前运到施工地假植。先装入较大的箩筐中；土球直径超过 1 m 的应改用木桶或木箱。按前述每双行间留车道和适合的株距放好，筐、箱外培土，进行养护待植。

（二）临时特需的移植技术

无预先计划，因临时特殊需要，在不适合季节移植树木。可按照不同类别树种采取不同措施。

1. 常绿树移植

应选择春梢已停，两次梢未发的树种；起苗应带较大土球。对树冠进行疏剪或摘掉部分叶片。做到随掘、随运、随栽；及时多次灌水，叶面经常喷水，晴热天气应结合遮阴。易日灼的地区，树干裸露者应用草绳进行裹干，入冬注意防寒。

2. 落叶树移植

最好也应选春梢已停长的树种，疏剪尚在生长的徒长枝以及花、果。对萌芽力强，生长快的乔、灌木可以行重剪。最好带土球移植。栽后要尽快促发新根；可灌溉配以一定浓度的（0.001%）生长素。晴热天气，树冠枝叶应遮阴加喷水。易日灼地区应用草绳卷干。适当追肥，剥除多余新枝芽，并缩冠，应注意伤口防腐。剪后晚发的枝条越冬性能差，当年冬季应注意防寒。

第二节　植物养护管理

一、园林植物养护管理的意义

俗话说："三分种，七分养"，充分说明植物的养护管理在园林施工和园林管理中的重要作用。

园林植物养护管理的重要意义主要体现在以下几方面：①及时科学的养护管理可以减少植物在种植过程中对植物枝叶、根系所造成的损伤，保证成活，迅速恢复长势，是充分发挥景观美化效果的重要手段。②经常、有效、合理的日常养护管理，可以使植物适应各种环境因素，抵御自然灾害和病虫害的侵袭，保持健壮、旺盛的自然长势，增强绿化效果，是发挥园林植物在园林中多种功能效益的有力保障。③长期、科学、精心的养护管理，还能预防植物早衰，延长生长寿命，保持优美的景观效果，尽量节省开支，是提高园林经济、社会效益的有效途径。

二、园林植物养护管理的内容

园林植物的养护管理必须根据其生物学特性，了解其生长发育规律，结合当地的具体生态条件，制订出一套符合实际的科学、高效、经济的养护管理技术措施。

园林植物的养护管理的主要内容是指为了维持植物生长发育对诸如光照、温度、土壤、水分、肥料、空气等外界环境因子的需求所采取的土壤改良、松土、除草、水肥管理、越冬越夏、病虫防治、修剪整形、生长发育调节等诸多措施。园林植物养护管理的具体方法因植物的不同种类、不同地区、不同环境和不同栽培目的而不同。在园林植物的养护管理中应顺应植物生长发育规律和生物学特性，以及当地的具体气候、土壤、地理等环境条件，还应考虑设备设施、经费、人力等主观条件，因时因地因植物制宜。[①]

三、养护管理月历

园林植物养护管理工作应顺应植物的生长规律和生物学特性以及当地的气候条件。我国各地气候相差悬殊，季节性明显，植物的养护管理工作应根据本地情况而定，可以根据当地具体的气候环境条件制订出适应当地气候和环境条件的园林植物养护管理工作月历。

四、土壤管理

土壤是植物生长的基础，为植物生命活动提供所需的水分、营养要素以及微量元素等物质，并起到固定植物的作用。

通过各种措施改良土壤的理化性质，改善土壤结构，提高土壤肥力，促进树木根系的生长和吸收能力的增强，以此为树木的生长发育打下良好的基础。土壤管理通常采用松土、除草、地面覆盖、土壤改良等措施。

（一）中耕

一般选在盛夏前和秋末冬初进行，每年 4 ~ 6 次，中耕不宜在土壤太湿时进行。中耕的深度以不伤根为原则，松土深度一般在 3 ~ 10 cm，根系深、中耕深，根系浅、中耕浅；近根处宜浅、远根处宜深；草本花卉中耕浅，木本花卉中耕深；灌木、藤木稍浅，乔木可深些。

（二）除草

大面积的园林管理常采用除草剂防治，与人工除草相比具有简单、方便、有效、迅速的特点，但用药技术要求严格，如果使用不当容易产生药害。

化学除草剂按照作用方式可分为选择性除草剂和灭生性除草剂，如西玛津、阿特拉津只杀一年生杂草，而 2，4-D- 丁酯只杀阔叶杂草。按照除草剂在植物体内的移动情况分为触杀性除草剂和内吸性除草剂。触杀性除草剂只起局部杀伤作用，不能

---

① 王皓. 现代园林景观绿化植物养护艺术研究 [M]. 南京：江苏凤凰美术出版社，2019.

在植物体内传导，药剂未接触部位不受伤害，见效快但起不到斩草除根的作用，如百草枯、除草醚等；内吸性除草剂被茎、叶或根吸收后通过传导而起作用，见效慢、除草效果好，能起到根治作用，如草甘膦、2,4-D 等。化学除草剂主要有水剂、颗粒剂、粉剂、乳油等剂型；水剂、乳油主要用于叶面喷雾处理，颗粒剂主要用于土壤处理，粉剂在生产中应用较少。

常用的药剂有农达、草甘膦、茅草枯等，一般用药宜选择晴朗无风、气温较高的天气，既可提高药效，增强除草效果，又可防止药剂飘落在其他树木的枝叶上造成药害。

（三）地面覆盖

在植株根茎周边表土层上覆盖有机物等材料和种植地被植物，从而减少或防止土壤水分的蒸发，减少地表径流，增加土壤有机质，调节土壤温度，控制杂草生长，为园林树木生长创造良好的环境条件，同时也可为园林景观增色添彩。

覆盖材料一般就地取材，以经济方便为原则，如经加工过的树枝、树叶，割取的杂草等，覆盖厚度以 3 ~ 6 cm 为宜。种植的地被植物常见的有麦冬、酢浆草、葱兰、鸢尾类、玉簪类、石竹类、萱草等。

（四）土壤改良

土壤改良即采用物理、化学以及生物的方法，改善土壤结构和理化性质，提高土壤肥力，为植物根系的生长发育创造良好的条件；同时也可修整地形地貌，提高园林景观效果。

土壤改良多采用深翻熟化土壤、增施有机肥、培土、客土以及掺沙等。深翻土壤结合施用有机肥是改良土壤结构和理化性状，促进团粒结构的形成，提高土壤肥力的最好方法。深翻的时间一般在秋末冬初，方式可分为全面深翻和局部深翻，其中局部深翻应用最广。

（五）客土

客土即在树木种植时或后期管理中，在异地另取植物生长所适宜的土壤填入植株根群周围，改善植株发新根时的根基局部土壤环境，以提高成活率和改善生长状况。

（六）培土（壅土）

培土是园林树木养护过程中常用的一种土壤管理方法。有增厚土层、保护根系、改良土壤结构、增加土壤营养等作用。培土的厚度要适宜，一般为 5 ~ 10 cm，过薄起不到应有作用；过厚会抑制植株根系呼吸，从而影响树木生长发育，造成根颈腐烂，树势衰弱。

五、灌溉与排水

（一）灌溉的原则

园林植物种类多，具有不同的生物学特性，对水分的需求也各不相同。例如观花、观果树种，特别是花灌木，对水分的需求比一般树种多，需要灌水次数较多；油松、圆柏、侧柏、刺槐等，其需灌水的次数较少，甚至不需要灌水，且应注意及时排水；而对于垂柳、水松、水杉等喜湿润土壤的树种，应注意灌水，对排水则要求不高；还有些树种对水分条件适应性较强，如旱柳、乌桕等，既耐干旱，又耐潮湿。

灌溉的水质以软水为好，一般使用河水，也可用池水、溪水、井水、自来水及湖水。在城市中要注意千万不能用工厂内排出的废水，因为这些废水常含有对植物有毒害的化学成分。

（二）灌水时期

灌水时间和次数应注意以下几点：在夏秋季节，应多灌，在雨季则不灌或少灌；在高温时期，中午切忌灌水，宜早、晚进行；冬天气温低，灌水宜少，并在晴天上午10点左右灌水；幼苗时灌水少，旺盛生长期灌水多，开花结果时灌水不能过多；春天灌水宜中午前后进行。每次灌水不宜直接灌在根部，要浇到根区的四周，以引导根系向外伸展。每次灌水过程中，按照"初宜细、中宜大、终宜畅"的原则来完成，以免冲刷表土。

（三）灌溉的方法

灌水前要做到土壤疏松，土表不板结，以利水分渗透，待土表稍干后，应及时加盖细干土或中耕松土，减少水分蒸发。

灌溉的方法很多，应以节约用水，提高利用率和便于作业为原则。

灌溉方法：①沟灌是在树木行间挖沟，引水灌溉。②漫灌是在树木群植或片植时，株行距不规则，地势较平坦时，采用大水漫灌。此法既浪费水，又易使土壤板结，一般不宜采用。③树盘灌溉是在树冠投影圈内，扒开表土做一圈围堰，堰内注水至满，待水分渗入土中后，将土堰扒平覆土保墒。一般用于行道树、庭荫树、孤植树，以及分散栽植的花灌木、藤本植株。④滴灌是将水管安装在土壤中或树木根部，将水滴入树木根系层内，土壤中水、气比例合适，是节水、高效的灌溉方式，但缺点是投资大，一般用于引种的名贵树木园中。⑤喷灌属机械化作业，省水、省工、省时，适用于大片的灌木丛和经济林。

（四）排水

长期阴雨、地势低洼渍水或灌溉浇水太多，使土壤中水分过多形成积水称为涝。容易造成渍水缺氧，使植物受涝，根系变褐腐烂，叶片变黄，枝叶萎蔫，产生落叶、落花、枯枝，时间长了全株死亡。为了减少涝害损失，在雨水偏多时期或对在低洼地势又不耐涝的植物要及时排水。排水的方法一般可用地表径流和沟管排水。多数园林植物在设计施工中已解决了排水问题，在特殊情况下需采取应急措施。

六、施肥

（一）施肥的作用

树木的生长需要不断地从土壤中吸收营养元素，而土壤中含有的营养元素的总量是有限的，势必会逐渐减少，所以必须不断地向土壤中施肥，以补充营养元素，满足园林植物生长发育的需要，使园林植物生长良好。

（二）施肥的原则

不同的植物或同一植物的不同生长发育阶段，对营养元素的需求不同，对肥料的种类、数量和施肥的方式要求也不相同。一般行道树、庭荫树等以观叶、观形为主的园林植物，冬季多施用堆肥、厩肥等有机肥料。生长季节多施用以氮为主的有机肥或无机肥料，促进枝叶旺盛生长，枝繁叶茂，叶色浓绿。但在生长后期，还应适当施用磷、钾肥，停施氮肥，促使植株枝条老化，组织木质化，使其能安全越冬，以利来年生长。以观花、观果为主的园林树木，冬季多施有机肥，早春及花后多施以氮肥为主的肥料，促进枝叶的生长；在花芽分化期多施磷、钾肥，以利花芽分化，增加花量。微量元素根据植株生长情况和对土壤营养成分分析，补充相应缺乏的微量元素。

（三）施肥的方法

1. 施肥的方式

（1）基肥

在播种或定植前，将大量的肥料翻耕埋入地内，一般以有机肥料为主。

（2）追肥

根据生长季节和植物的生长速度补充所需的肥料，一般多用速效化肥。

（3）种肥

在播种和定植时施用的肥料，称为种肥。种肥细而精，经充分腐熟，所含营养成分完全，如腐熟的堆肥、复合肥料等。

（4）根外追肥

在植物生长季节，根据植物生长情况喷洒在植物体上（主要是叶面），如用尿素溶液喷洒。

2. 施肥的方法

（1）全面施肥

在播种、育苗、定植前，在土壤上普遍地施肥，一般采用基肥的施肥方式。

（2）局部施肥

根据情况，将肥料只施在局部地段或地块，有沟施、条施、穴施、撒施、环状施等施肥方式。

3. 园林植物施肥应注意的事项

第一，由于树木根群分布广，吸收养料和水分全在须根部位。因此，施肥要在树木根部的四周，不要过于靠近树干。

第二，根系强大，分布较深远的树木，施肥宜深，范围宜大，如油松、银杏、臭椿、合欢等；根系浅的树木施肥宜较浅，范围宜小，如紫穗槐及大部分花灌木等。

第三，有机肥料要经过充分发酵和腐熟，且浓度宜稀；化肥必须完全粉碎成粉状后施用，不宜成块施用。

第四，施肥后（尤其是追化肥），必须及时适量灌水，使肥料渗入土内。

第五，应选天气晴朗、土壤干燥时施肥。阴雨天由于根系吸收水分慢，不但养分不易吸收，而且肥分还会被雨水淋溶，降低肥料的利用率。

第六，沙地、坡地、岩石易造成养分流失，施肥要稍深些。

第七，氮肥在土壤中移动性较强，所以浅施后渗透到根系分布层内被树木吸收；钾肥的移动性较差，磷肥的移动性更差，宜深施至根系分布最多处。

第八，基肥因发挥肥效较慢应深施；追肥肥效较快，则宜浅施，供树木及时吸收。

第九，叶面喷肥是通过气孔和角质层进入叶片，而后运送到各个器官，一般幼叶较老叶、叶背较叶面吸水快，吸收率也高，所以叶面施肥时一定要把叶面喷匀、喷到。

第十，叶面喷肥要严格掌握浓度，以免烧伤叶片，最好在阴天或上午10时以前和下午4时以后喷施，以免气温高，溶液很快浓缩，影响喷肥或导致药害。

七、自然灾害防治

（一）冻害

1. 冻害的定义

冻害是树木因受低温使植物体内细胞间隙和细胞内结冰而使细胞和组织受伤，甚至死亡的现象。冻害是不可逆的低温伤害，具有全株性或部位整体性，伤害程度是灾害性的；冷害是可逆的低温伤害，具器官局部性，调整代谢后能恢复正常。

冻害对植物的危害主要是使植物组织细胞中的水分结冰，导致生理干旱，而使其受到损伤或死亡，给园林造成巨大损失。

2. 冻害的表现

（1）芽

花芽是抗寒能力较弱的器官，花芽冻害多发生在初春时期，顶花芽抗寒力较弱。花芽受冻后，内部变褐，初期芽鳞松散，后期芽不萌发，干缩枯死。

（2）枝条

枝条的冻害与其成熟度有关，成熟的枝条在休眠期以形成层最抗寒，皮层次之，而木质部、髓部最不抗寒。所以冻害发生后，髓部、木质部先变色，严重时韧皮部才受伤，如果形成层变色则表明枝条失去了恢复能力。在生长期则相反，形成层抗寒力最差。幼树在秋季水多时贪青徒长，枝条不充实，易受冻害。特别是成熟不足的先端枝条对严寒敏感，常先发生冻害，轻者髓部变色，重者枝条脱水干缩甚至冻死。

多年生枝条发生冻害，常表现为树皮局部冻伤，受冻部分最初稍变色下陷，不易发现。如用刀切开，会发现皮部变褐，之后逐渐干枯死亡，皮部裂开变褐脱落，但如果形成层未受冻则还可以恢复。

（3）枝杈和基角

枝杈或主枝基角部分进入休眠期较晚，输导组织发育不好，易受冻害。枝杈冻害的表现是皮层或形成层变褐，而后干枯凹陷，有的树皮成块冻坏，有的顺着主干垂直冻裂形成劈枝。主枝与树干的夹角越小则冻害越严重。

（4）主干

受冻后形成纵裂，一般称为"冻裂"，树皮成块状脱离木质部，或沿裂缝向外侧卷折。

（5）根颈和根系

在一年中根颈停止生长最迟，进入休眠最晚，而开始活动和解除休眠又最早，因此在温度骤然下降的情况下，根颈未经过很好的抗寒锻炼，且近地表处温度变化剧烈，容易引起根颈的冻害。根颈受冻后，树皮先变色后干枯，对植株危害大。

根系无休眠期，所以根系较地下部分耐寒力差。须根活力在越冬期间明显降低，耐寒力较生长季稍强。根系受冻后，皮层与木质部分离。一般粗根系较细根系耐寒力强，近地面的粗根由于地温低而易受冻，新栽的树或幼树因根系小而旺，易受冻害，而大树则相对抗寒。

3. 影响冻害的因素

（1）内部因素

第一，抗冻性与树种、品种有关。不同的树种或不同的品种，其抗冻能力不同，如原产长江流域的梅品种比广东的黄梅抗冻。

第二，抗冻性与枝条内部的糖类含量有关。研究梅花枝条内糖类的动态变化与抗寒越冬能力的关系表明，在生长季节，植株体内的糖多以淀粉形式存在。生长季末淀粉积累达到高峰，到11月上旬末，淀粉开始分解成为较简单的寡糖类化合物。杏及山桃枝条中的淀粉在1月末已经分解完毕，而这时梅花枝条仍然残留淀粉。就抗寒性的表现而言，梅不及杏、山桃。可见树体内寡糖类含量越高抗寒力越强。

第三，与枝条的成熟度有关。枝条越成熟抗寒性越强，木质化程度高，含水量少，细胞液浓度增加，则抗寒力强。

第四，与枝条的休眠有关。冻害的轻重和树木的休眠及抗寒锻炼有关，一般处于休眠状态的植株抗寒力强，植株休眠越深，抗寒力越强。

（2）外部因素

第一，地势、坡向。地势与坡向不同，小气候不同，如山南侧的植株比山北侧的植株易受害，因山南侧的温差较大。土层厚的树木较土层浅的树木抗冻害，因为土层深厚，根系发达，吸收的养分和水分多，植株健壮。

第二，水体。水体对冻害也有一定的影响，靠水体近的树木不易受冻害，因为水的比热容大，白天吸收的热量会在晚上释放出来，使周围空气温度下降慢。

第三，栽培管理水平。栽培管理水平与冻害的关系密切，同一品种的实生苗比嫁接苗耐寒，因为实生苗根系发达，根深而抗寒力强；不同砧木品种的耐寒性差异也大；同一品种结果多者比少者易受冻害，因为结果消耗大量的养分；施肥不足的抗寒力差，因为施肥不足，植株不充实，物质积累少，抗寒力降低；树木遭受病虫危害时，也容易发生冻害。

4. 冻害的预防

（1）宏观预防

第一，贯彻适地适树的原则。因地制宜地种植抗寒力强的树种、品种和砧木，选小气候条件较好的地方种植抗寒力低的边缘树种，可以大大减少越冬防寒措施，同时注意栽植防护林和设置风障，改善小气候条件，预防并减轻冻害。

第二，加强栽培管理，提高抗寒性。加强栽培管理（尤其重视后期管理）有助于树体内营养物质的储存。春季加强肥水供应，合理运用排灌和施肥技术，可以促进新梢生长和叶片增大，提高光合效率，增加营养物质积累，保证树体健壮。秋季控制灌水，及时排涝，适量施用磷钾肥，勤锄深耕，可促使枝条及早结束生长，有利于组织充实，延长营养物质的积累时间，从而能更好地进行抗寒锻炼。

此外，夏季适时摘心，促进枝条成熟；冬季修剪减少蒸腾面积，人工落叶等均对预防冻害有良好效果。同时在整个生长期必须加强对病虫的防治。

第三，加强树体保护。对树体的保护措施很多，一般的树木采用浇"冻水"和灌"春水"防治。为了保护容易受冻的植物，可采用全株培土防冻，如月季、葡萄等。还可采用根颈培土（高 30 cm），涂白、主干包草，搭风障，北面培月牙形土埂等方法。主要的防治措施应在冬季低温到来之前完成，以免低温来得早，造成冻害。

（2）微观预防

第一，熏烟法。半夜 2 时左右在上风方点燃草堆或化学药剂，利用烟雾防霜，一般能使近地面层空气温度提高 1℃ ~ 2℃。这种方法简便经济，效果较好，但要具备一定的天气条件，且成本较高，污染大气，不适于普遍推广，只适用于短时霜冻的防止和在名贵林木及其苗圃上使用。

第二，灌水法。土壤灌水后可使田块温度提高 2℃ ~ 3℃，并能维持 2 ~ 3 夜。小面积的园林植物还可以采用喷水法。在霜冻来临前，利用喷灌设备对植物不断喷水来防霜冻，效果较好。

第三，覆盖法。用稻草、草木灰、薄膜覆盖田块或植物，既可防止冷空气的袭击，又能减少地面热量向外散失，一般能提高气温 1℃ ~ 2℃。有些苗木植物，还可用土埋的办法，使其不遭到冻害。这种方法只能预防小面积的霜冻，其优点是防冻时间长。

5. 冻害的补救措施

受冻后树木的养护极为重要，因为受冻树木的输导组织受树脂状物质的淤塞，树木根的吸收、输导及叶的蒸腾、光合作用以及植株的生长等均受到破坏。为此，应尽快恢复输导系统，治愈伤口，缓和缺水现象，促进休眠芽萌发和叶片迅速增大，促使受冻树木快速恢复生长。

受冻后的树一般均表现生长不良。因此首先要加强管理，保证前期的水肥供应，亦可以早期追肥和根外追肥，补给养分以尽量使树体恢复生长。

在树体管理上，对受冻害树体要晚剪和轻剪，给予枝条一定的恢复时期，对明显受冻枯死部分可及时剪除，以利于伤口愈合。对于一时看不准受冻部分的，待发芽后再剪，对受冻造成的伤口要及时喷涂白剂以防日灼，同时做好防治病虫害和保叶工作。

（二）霜害

气温或地表温度下降到 0℃ 时，空气中过饱和的水汽凝结成白色的冰晶——霜。由于霜的出现而使植物受害，称为霜害。草本植物遭受霜害后，受害叶片呈水浸状，解冻后软化萎蔫，不久即脱落；木本植物幼芽遭受霜害后变为黑色，花瓣变色脱落。

（三）寒害

因气温降低，导致植物体内的各种生理机能发生障碍，原生质黏度增大，呼吸作用减弱，失水或缺水死亡的一种气象灾害，称为寒害。不同的物种具有不同的抗寒性。

八、园林植物的整形修剪

整形修剪是园林植物养护管理中一项十分重要的技术。在园林上，整形修剪广泛地用于树木、花草的培植以及盆景的艺术造型和养护，这对提高绿化效果和观赏价值起着十分重要的作用。整形是树体通过人工手段，形成一定形式的形状与姿态的方法。修剪是将植物某一器官疏删或短截达到园林植物的栽培目的，修剪技术除剪枝外，还包括摘心、扭梢、整枝、压蔓、撑拉、支架、除芽、疏花疏果、摘叶、束叶、环状剥皮、刻伤、倒贴皮等。

（一）园林植物整形修剪的目的和作用

对园林植物进行正确的整形修剪工作是一项很重要的养护管理技术。它可以调节植物的生长与发育，创造和保持合理的植株形态，构成具有一定特色的园林景观。

1. 园林植物整形修剪的目的

第一，通过整形修剪促进和抑制园林植物的生长发育，控制其植物体的大小，造成一定的形态，以发挥其观赏价值和经济效益。

第二，调整成片栽培的园林植物个体和群体的关系，形成良好的结构。

第三，可以调节园林植物个体各部分均衡关系。主要可概括为以下3个方面：①调节地上部分与地下部分的关系。园林植物地上部分的枝叶和地下部分的根系是互相制约、互相依赖的关系，两者保持着相对平衡的动态关系，修剪可以有目的地调整两者关系，建立新的平衡。在城市街道绿化中，由于地上、地下的电缆和管道关系，通常均需应用修剪、整形措施来解决其与植物之间的矛盾。②调节营养器官与生殖器官的平衡。在观花观果的园林植物中，生长与开花、结果的矛盾始终存在，特别是木本植物，处理不当不仅影响当年，而且影响来年乃至今后几年。通过合理的整形修剪，保证有足够数量的优质营养器官，是植物生长发育的基础；使植物产生一定数量花果，并与营养器官相适应；使一部分枝梢生长，一部分枝梢开花结果，每年交替，使两者均衡生长。整形修剪可以调节养分和水分的运输，平衡树势，可以改变营养生长与生殖生长之间的关系，促进开花结果。在花卉栽培上常采用多次摘心办法，促使万寿菊多抽生侧枝，增加开花数量。③调节树势，促进老树复壮更新。对生长旺盛，花芽较少的树木，修剪虽然可以促进局部生长，但由于剪去了一部分枝叶，减少了同化作用，一般会抑制整株树木生长，使全树总生长量减少。但对于花芽多的成年树，由于修剪时剪去了部分花芽，有更新复壮的效果，反而比不修剪可以增加总生长量，促使全树生长。对衰老树木进行强修剪，剪去或短截全部侧枝，可刺激隐芽长出新枝，选留其中一些有培养前途的新枝代替原有骨干枝，进而形成新的树冠。通过修剪使老树更新复壮，一般比栽植的新苗生长速度快，因为具有发达的根系，为更新后的树体提供充足的水分和养分。

2. 园林植物修剪的作用

第一，对园林植物局部生长有促进作用。枝条被剪去一部分后，可使被剪枝条的生长势增强。这是由于修剪后减少了枝芽的数量，使养分集中供应留下的枝芽生长。同时修剪改善了树冠的光照与通风条件，提高了光合作用效能，使局部枝芽的营养水平有所提高，从而加强了局部的生长势。短截一般剪口下第一个芽最旺，第二、第三个芽长势递减，疏剪只对剪口下的枝条有增强生长势的作用。

第二，对整株生长有抑制作用。由于修剪减少了部分枝条，树冠相对缩小，叶量、叶面积相对减少，光合作用产生的碳水化合物总量减少，所以修剪使树体总的营养水平下降，总生长量减少，这种抑制作用在修剪的第一年最为明显。

第三，对开花结果的影响。修剪后，叶的总面积和光合产物减少，但由于减少了生长点和树内营养面积的消耗，相对提高了保留下来枝芽中的营养水平，使被剪枝条生长势加强，新叶面积、叶绿素含量增加，叶片质量提高。

第四，对树体内营养物质含量的影响。修剪后对所留枝条及抽生的新梢中的含氮量和含水量增加，碳水化合物减少。但从整株植物的枝条来看，因根的生长受到抑制，吸收能力削弱，氮、磷、钾等营养元素的含量减少。修剪越重，削弱作用越大。所以冬季修剪一般都在落叶后，这时养分回流根系和树干贮藏，可减少损失。夏季对新梢进行摘心，可促使新梢内碳水化合物和含氮量的增加，促使新梢生长充实。修剪后对树体内的激素分布、活性也有改变。激素产生在植物顶端幼嫩组织中，短剪剪去了枝条顶端，排除了激素对侧芽的抑制作用，提高了枝条下部芽的萌芽力和成枝力。

（二）园林树木整形修剪的方法

1. 整形修剪的原则

（1）不同年龄时期修剪程度不同

第一，幼树的修剪。幼树生长旺盛，不宜进行强度修剪，否则往往使得枝条不能及时在秋季成熟，因而降低抗寒力，也会造成延迟开花。在随意修剪时应以轻剪、短截为主，促进其营养生长，并严格控制直立枝，对斜生枝的背上芽在冬季修剪时抹除，以防止抽生直立枝。

第二，成年树的修剪。成年期树木正处于旺盛的开花结实阶段，这个时期的修剪整形目的在于保持植株的健壮完美，使得开花结实活动能长期保持繁茂，所以关键在于配合其他管理措施综合运用各种修剪方法，逐年选留一些萌枝作为更新枝，并疏掉部分老枝，防止衰老，以达到调节均衡的目的。

第三，老年树的修剪。衰老期的树木，生长势衰弱，每年的生长量小于死亡量，在修剪时应以强剪为主，使营养集中于少数的腋芽上，刺激芽的萌发，抽生强壮的更新枝，利用新生的枝条代替原来老的枝条，以恢复其生长势。

此外，不同树种的生长习性也具有很大差异，应该采用不同的修剪方法。如圆柏树、银杏、水杉等呈尖塔形的乔木应保留中央主枝的方式，修剪成圆柱形、圆锥形等。桂花、栀子花等顶端优势不太强，但发枝能力强的植物，可修剪成圆球形、半球形等形状。对梅、桃、樱、李等喜光植物，可采用自然开心形的修剪方式。

（2）不同的绿化要求修剪方式不同

不同的绿化目的各有其特殊的整剪要求，如同样的日本珊瑚树，做绿篱时的修剪和做孤植树的修剪，就有完全不同的修剪要求。

（3）根据树木生长地的环境条件特点修剪

生长在土壤瘠薄、地下水位较高处的树木，通常主干应留得低，树冠也相应小。生长在土地肥沃处的以修剪成自然式为佳。

在生产实践中，整形方式和修剪方法是多种多样的。以树冠外形来说，常见的有圆头形、圆锥形、卵圆形、自然开心形等。而在花卉栽培上常见有单干式、双干式、丛生式、悬崖式等，盆景的造型更是千姿百态。

2. 整形修剪的时间

园林植物的修剪分为休眠期修剪（又称冬季修剪）和生长期修剪（又称夏季修剪）。

休眠季修剪视各地气候而异，大多自树木休眠后至次年春季树叶开始流动前施行。主要目的是培养骨架和枝组，疏除多余的枝条和芽，以便集中营养于少数枝与芽上，使新枝生长充实。疏除老弱枝、伤残枝、病虫枝、交叉枝及一些扰乱树形的枝条，以使树体健壮、外形饱满、匀称、整洁。

生长期修剪是自萌芽后至新梢或副梢延长生长停止前这一段时间内施行。具体日期视当地气候而异，但勿过晚，否则易促使发生新副梢而消耗养分，且不利于当年新梢充分成熟。修剪的目的是抑制枝条营养、生长，促使花芽分化。根据具体情况可进行摘心、摘叶、摘果、除芽等技术措施。

掌握好整形修剪时间，正确使用修剪方法，可以提高观赏效果，减少损失。例如：以花篱形式栽植的玫瑰，其花芽已在上年形成，花都着生在枝梢顶端，因此不宜在早春修剪，应在花后修剪；榆树绿篱可在生长期几次修剪，而葡萄在春季修剪则伤流严重。另外，对于树形的培养，在苗圃地内就应着手进行。

3. 园林树木的整形方式

（1）自然式整形

按照树木本身的生长发育习性，对树冠的形状略加修整而形成的自然树形。在修剪中只疏除、回缩或短截破坏树形、有损树体和行人安全的过密枝、徒长枝、病虫枯死枝等。

（2）人工式整形

这是一种装饰性修剪方式，按照人们的艺术要求完成各种几何或动物体形。一般用于树叶繁茂、枝条柔软、萌芽力强、耐修剪的树种。有时除采用修剪技术外，还要借助棕绳、铅丝等，先做成轮廓样式，再整修成形。

（3）混合式整形

以树木原有的自然形态为基础，略加人工改造而成，多用于观花、观果、果树生产及藤木类的整形方式。主要有中央领导干形、杯状形、自然开心形、多领导干形等。其他还有用于灌木的丛生形，用于小乔木的头状形，以及自然铺地的匍匐式等。

4.园林树木的修剪方法

（1）疏枝

疏枝，又称疏剪或疏删，即从枝条基部剪去，也包括二年生及多年生枝。一般用于疏除病虫枯枝、过密枝、徒长枝等，可使树冠枝条分布均匀，加大空间，改善通风透光条件，有利于树冠内部枝条的生长发育，有利于花芽的形成。特别是疏除强枝、大枝和多年生枝，常会削弱伤口以上枝条的生长势，而伤口以下的枝条有增强生长势的作用。

（2）短截

短截，又称短剪，即把一年生枝条剪去一部分。根据剪去部分多少，分为轻剪、中剪、重剪、极重剪。

轻剪：剪去枝条的顶梢，也可剪去顶大芽，一般剪去枝条的1/3以内，以刺激下部多数半饱芽萌芽的能力，促进产生更多的中短枝，也易形成更多的花芽。此法多用于花、果树强壮枝的修剪。

中剪：剪到枝条中部或中上部（1/2或1/3）饱满芽的上方。因为剪去一段枝条，相对增加了养分，去除了顶端优势，以刺激发枝。

重剪：剪至枝条下部2/3～3/4的半饱满芽处，刺激作用大，由于剪口下的芽多为弱芽，此处生长出1～2个旺盛的营养枝外，下部可形成短枝。适用于弱树、老树、老弱枝的更新。

极重剪：在枝条基部轮痕处，或留2～3个芽，基本将枝条全部剪除。由于剪口处的芽质量差，只能长出1～2个中短枝。

重剪程度越大，对剪口芽的刺激越大，由它萌发出来的枝条也越壮。轻剪对剪口芽的刺激小，由它萌发出来的枝条也就越弱。所以对强枝要轻剪，对弱枝要重剪，调整一、二年生枝条的长势。

（3）回缩

回缩，又称缩剪，是指在多年生枝上只留一个侧枝，而将上面截除。修剪量大，刺激较重，有更新复壮作用。多用于枝组或骨干枝更新，以及控制树冠、辅养枝等，对大枝也可以分两年进行。如缩剪时剪口留强枝、直立枝，伤口较小，缩剪适度，可促进生长，反之则抑制生长。

（4）摘心、剪梢

在生长期摘去枝条顶端的生长点称摘心，而剪梢是指剪截已木质化的新梢。摘心，剪梢可促生二次枝，加速扩大树冠，也有调节生长势，促进花芽分化的作用。

（5）扭梢、折梢、曲枝、拧枝、拉枝、别枝、圈枝、屈枝、压垂、拿枝等

这些方法都是改变枝向和损伤枝条的木质部、皮层，从而缓和生长势，有利于形成花芽，提高坐果率；在幼树整形中，可以作为辅助手段。

（6）刻伤与环剥

刻伤分为纵向和横向两种。一般用刀纵向或横向切割枝条皮层，深达木质部，都是局部调节生长势的方法。可广泛应用于园林树木的整形修剪中。

环剥是剥去树枝或树干上的一圈或部分皮层，目的也是为了调节生长势。

（7）留桩修剪

留桩修剪是在进行疏删回缩时，在正常位置以上留一段残桩的修剪方法。其保留长度以其能继续生存但又不会加粗为度，待母枝长粗后再截去，这种方法可减少伤口对伤口下枝条生长的削弱影响。

（8）平茬

平茬，又称截干，从地面附近截去地上枝干，利用原有发达的根系刺激根颈附近萌芽更新的方法。多用于培养优良的主干和灌木的修剪中。

（9）剪口保护

疏剪、回缩大枝时，伤口面积大，表面粗糙，常因雨淋、病菌侵入而腐烂。因此，伤口要用利刃削平整，用2%硫酸铜溶液消毒，最后涂保护剂，起到防腐和促进伤口愈合的作用。常用保护剂除接蜡外，还有豆油铜素剂调和漆及黏土浆等。

（三）各类园林植物的整形修剪

1. 落叶乔木的整形修剪

具有中央领导干，主轴明显的树种，应尽量保持主轴的顶芽，若顶芽或主轴受损，则应选择中央领导枝上生长角度化较直立的侧芽代替，培养成新的主轴。主轴不明显的树种，应选择上部中心比较直立的枝条当做领导枝，以尽早形成高大的树身和丰满的树冠。凡不利于以上目的，如竞争枝、并生枝、病虫枝等要做好控制措施。

中等大小的乔木树种，主干高度约 1.8 m，顶梢继续长到 2.2 ～ 2.3 m 时，去梢促其分枝，较小的乔木树种主干高度为 1.0 ～ 1.2 m，较大的乔木树种，通常采用中央领导干树形，主干高 1.8 ～ 2.4 m，中央干不去梢，其他枝条可通过短截，形成平

衡的主枝。观花、观果类也可采用杯状形、自然开心形等。

庭荫树等孤植树木的树冠尽可能大些，以树冠为树高的 2/3 以上为好，以不小于 1/2 为宜。对自然式树冠，每年或隔年将病虫枯枝及扰乱树形的枝条剪除，对老枝进行短截，使其增强生长势，对基部萌发的萌蘖以及主干上不定芽萌发的冗枝均需一一剪去。

行道树由于特殊要求亦有采用人工整形的，如受空中电线等设施的障碍，常修剪成杯状，主干高度以不影响车辆和行人通过为准，多为 2.5 ~ 4 m。

2. 常绿乔木的整形修剪

（1）杯状形的修剪

杯状形行道树具有典型的三叉六股十二枝的冠形，主干高在 2.5 ~ 4 m。整形工作是在定植后 5 ~ 6 年完成，悬铃木常用此树形。

骨架完成后，树冠扩大很快，疏去密生枝、直立枝，促发侧生枝，内膛枝可适当保留，增加遮阴效果。上方有架空线路，勿使枝与线路触及，按规定保持一定距离。一般电话线为 0.5 m，高压线为 1 m 以上。近建筑物一侧的行道树，为防止枝条扫瓦、堵门、堵窗，影响室内采光和安全，应随时对过长枝条进行短截修剪。

生长期内要经常进行抹芽，抹芽时不要扯伤树皮，不留残枝。冬季修剪时把交叉枝、并生枝、下垂枝、枯枝、伤残枝及背上直立枝等截除。

（2）自然开心形的修剪

由杯状形改进而来，无中心主干，中心不空，但分枝较低。定植时，将主干留 3 m 或者截干，春季发芽后，选留 3 ~ 5 个位于不同方向、分布均匀的侧枝行短剪，促枝条长成主枝，其余全部抹去。生长季注意将主枝上的芽抹去，只留 3 ~ 5 个方向合适、分布均匀的侧枝。来年萌发后选留侧枝，全部共留 6 ~ 10 个，使其向四方斜生，并行短截，促发次级侧枝，使冠形丰满、匀称。

（3）自然式冠形的修剪

在不妨碍交通和其他公用设施的情况下，树木有任意生长的条件时，行道树多采用自然式冠形，如尖塔形、卵圆形、扁圆形等。

有中央领导枝的行道树，如杨树、水杉、侧柏、金钱松、雪松等，分枝点的高度按树种特性及树木规格而定，栽培中要保护顶芽向上生长。郊区多用高大树木，分枝点在 4 ~ 6 m 以上。主干顶端如损伤，应选择一直立向上生长的枝条或壮芽处短剪，并把其下部的侧芽打去，抽出直立枝条代替，避免形成多头现象。

3. 灌木类的整形修剪

灌木的养护修剪：①应使丛生大枝均衡生长，使植株保持内高外低、自然丰满的圆球形。②定植年代较长的灌木，如灌丛中老枝过多时，应有计划地分批疏除老枝，培养新枝。但对一些为特殊需要培养成高干的大型灌木，或茎干生花的灌木（如紫荆等）均不在此列。③经常短截突出灌丛外的徒长枝，使灌丛保持整齐均衡，但对一些具拱形枝的树种（如连翘等），所萌生的长枝则例外。④植株上不作留种用的残花废果，应尽量及早剪去，以免消耗养分。

按照树种的生长发育习性，可分为下述几类。

（1）先开花后发叶的种类

可在春季开花后修剪老枝并保持理想树形。用重剪进行枝条更新，用轻剪维持树形。对于连翘、迎春等具有拱形枝的树种，可将老枝重剪，促使萌发强壮的新枝，充分发挥其树姿特点。

（2）花开在当年新梢的种类

在当年新梢上开花的灌木应在休眠期修剪。一般可重剪使新梢强健，促进开花。对于一年多次开花的灌木，除休眠期重剪老枝外，应在花后短截新梢，改善下次开花的数量和质量。

（3）观赏枝叶的种类

这类灌木最鲜艳的部位主要在嫩叶和新叶上，每年冬季或早春宜重剪，促使萌发更健壮的枝叶，应注意删剪失去观赏价值的老枝。

（4）常绿阔叶类

这类灌木生长比较慢，枝叶匀称而紧密，新梢生长均源于顶芽，形成圆顶式的树形。因此，修剪量要小。轻剪在早春生长以前，较重修剪在花开以后。

速生的常绿阔叶灌木，可像落叶灌木一样重剪。观形类以短截为主，促进侧芽萌发，形成丰满的树形，适当疏枝，以保持内膛枝充实。观果的浆果类灌木，修剪可推迟到早春萌芽前进行，尽量发挥其观果的观赏价值。

（5）灌木的更新

灌木更新可分为逐年疏干和一次平茬。逐年疏干即每年从地径以上去掉1～2根老干，促生新干，直至新干已满足树形要求时，将老干全部疏除。一次平茬多应用于萌发力强的树种，一次删除灌木丛所有主枝和主干，促使下部休眠芽萌发后，选留3～5个主干。

4. 藤木类的整形修剪

在一般园林绿地中常采用以下修剪方法。

（1）棚架式

卷须类和缠绕类藤本植物常用这种修剪方式。在整形时，先在近地面处重剪，促使其发生数枝强壮主蔓，引至棚架上，使侧蔓在架上均匀分布，形成荫棚。

像葡萄等果树需每年短截，选留一定数量的结果母株和预备枝；紫藤等不必年年修剪，隔数年剪除一次老弱病枯枝即可。

（2）凉廊式

常用于卷须类和缠绕类藤本植物，偶尔也用吸附类植物。因凉廊侧面有隔架，勿将主蔓过早引至廊顶，以免空虚。

（3）篱垣式

多用卷须类和缠绕类藤本植物。将侧蔓水平诱引后，对侧枝每年进行短截。葡萄常采用这种整形方式。侧蔓可以为一层，亦可为多层，即将第一层侧蔓水平诱引后，主蔓继续向上，形成第二层水平侧蔓，以至第三层，达到篱垣设计高度为止。

（4）附壁式

多用于墙体等垂直绿化，为避免下部空虚，修剪时应运用轻重结合，予以调整。

（5）直立式

对于一些茎蔓粗壮的藤本，如紫藤等亦可整形成直立式，用于路边或草地中。多用短截，轻重结合。

5. 绿篱（特殊造型）的整形修剪

（1）整形

根据篱体形状和修剪程度，可分为自然式和整形式等，自然式绿篱整形修剪程度不高。

第一，条带状。这是最常用的方式，一般为直线形，根据园林设计要求，亦可采取曲线或几何图形。根据绿篱断面形状，可以是梯形、方形、圆顶形、柱形、球形等。此形式绿篱的整形修剪较简便，应注意防止下部光秃。

绿篱定植后，按规定高度及形状及时修剪，为促使其枝叶的生长，最好将主尖截去1/3以上，剪口在规定高度5～10 cm以下，这样可以保证粗大的剪口不暴露，最后用大平剪绿篱修剪机修剪表面枝叶，注意绿篱表面（顶部及两侧）必须剪平，修剪时高度一致，整齐划一，篱面与四壁要求平整，棱角分明，适时修剪，缺株应及时补栽，以保证供观赏时已抽出新枝叶，生长丰满。

第二，拱门式。即将木本植物制作成拱门，一般常用藤本植物，也可用枝条柔软的小乔木。拱门形成后，要经常修剪，保持既有的良好形状，并且不影响行人通过。

第三，伞形树冠式。多栽于庭院四周栅栏式围墙内。先保留一段稍高于栅栏的主干，主枝从主干顶端横生，从而构成伞形树冠。在养护中应经常修剪主干顶端抽生的新枝和主干滋生的旁枝和根蘖。

第四，雕塑形。选择枝条柔软、侧枝茂密、叶片细小又极耐修剪的树种。通过扭曲和蟠扎，按照一定的物体造型，由主枝和侧枝构成骨架，对细小侧枝通过绳索牵引等方法，使他们紧密抱合，或进行细微地修剪，剪成各种雕塑形状。制作时可用几株同树种不同高度的植株共同构成雕塑造型。在养护时要随时剪除破坏造型的新梢。

第五，图案式。在栽植前，先设立支架或立柱，栽植后保留一根主干，在主干上培养出若干等距离生长均匀的侧枝，通过修剪或辅助措施，制造成各种图案；也可以不设立支架，利用墙面进行制作。

（2）绿篱的修剪时期

绿篱的修剪时期要根据树种来确定。绿篱栽植后，第 1 年可任其自然生长，使地上部和地下部充分生长。从第 2 年开始按确定的绿篱高度截顶，对条带状绿篱不论充分木质化的老枝还是幼嫩的新梢，凡超过标准高度的一律整齐剪掉。

常绿针叶树在春末夏初完成第一次修剪；盛夏前多数树种已停止生长，树形可保持较长一段时间；立秋以后，如果水肥充足，会抽生秋梢并旺盛生长，可进行第二次修剪，使秋冬季都保持良好的树形。

大多数阔叶树种生长期新梢都在生长，仅盛夏生长比较缓慢，春、夏、秋三季都可以修剪。花灌木栽植的绿篱最好在花谢后进行，既可防止大量结实和新梢徒长，又可促进花芽分化，为来年或下期开花创造条件。

为了在一年中始终保持规则式绿篱的理想树形，应随时根据生长情况剪去突出于树形以外的新梢，以免扰乱树形，并使内膛小枝充实繁密生长，保持绿篱的体形丰满。

（3）带状绿篱的更新复壮

大部分阔叶树种的萌发和再生能力都很强，当年老变形后，可采用平茬的方法更新，因有强大的根系，一年内就可长成绿篱的雏形，两年后就能恢复原貌；也可以通过老干逐年疏伐更新。大部分常绿针叶树种再生能力较弱，不能采用平茬更新的方法，可以通过间伐，加大株行距，改造成非完全规整式绿篱，否则只能重栽，重新培养。

6.草本植物的整形修剪

（1）整形

为了满足栽植要求，平衡营养生长与开花结果的矛盾或调整植株结构，需要控制枝条的数量和生长方式，这种对枝条的整理和去舌称整枝。露地栽培植物的整形有以下方式。

单干式：只留主干或主茎，不留侧枝，一般用于只有主干或主茎的观花和观叶植物，以及用于培养标本菊的菊花、大丽花等。对标本菊则还须摘除所有侧花蕾，使养分集中于顶蕾，充分展现品种的特性。

多干式：留数支主枝，如盆菊一般留 3 ~ 9 个主枝，其他侧枝全部剥去。

丛式：生长期间进行多次摘心，促使发生多数枝条，全株呈低矮的丛生状，开出数朵或数十朵花。

悬崖式：常用于小菊的悬崖式的整形。

攀援式：多用于蔓性植物，使植物在一定形状的支架上生长。

匍匐式：利用植物枝条的自然匍匐地面的特性，使其覆盖地面。

（2）修剪

整枝：剪除扰乱株形的多余枝和开花结果后的残枝以及病虫枯枝。对蔓性植物则称为整蔓，如观赏瓜类植物仅留主蔓及副蔓各一支，摘除其余所有侧蔓。

摘心：摘除枝梢顶端，促使分生枝条，早期摘心可使株形低矮紧凑。有时摘心是为了促使枝条生长充实，而并不增加枝条数量。有的瓜类植物在子蔓或孙蔓上开花结果，所以必须早期进行一次或多次摘心，促使早生子蔓、孙蔓，开花结果。

除芽：剥去过多的腋芽，以减少侧枝的发生，使所留枝条生长充实。

曲枝：枝条在原来的方向没有发展空间通过曲枝改变原来的生长方向，从而促使枝条有发展空间。

去蕾：通常指保留主花蕾，摘除侧花蕾，使顶花蕾开花硕大鲜艳。在球根花卉的栽培中，为了获得优良的种球，常摘去花蕾，以减少养分的消耗，对花序硕大的观花观果植物，常常需要疏除一部分花蕾、幼果，使所留花蕾、幼果充分发育，称之为疏花疏果。

压蔓：多用于蔓性植物，使植株向固定方向生长和防止风害，有些植物可促使发生不定根，增强吸收水分和养分的能力。

第四章　城市道路设计与绿化建设

第一节　城市道路概述

一、城市道路的概念

城市道路是指城市建成区范围内的各种道路。城市道路是城市的骨架、交通的动脉、城市结构布局的决定因素。从功能层面上看，道路连接着起点和终点，是城市机动性得以实现的重要物质载体；从景观层面上看，道路是城市景观结构的重要组成要素，是体验城市形态的景观廊道，甚至可以成为城市的象征；从社会层面上看，道路又是各种社会活动展开的舞台，是城市精神的重要体现。

二、城市道路的分级

依据道路在路网中的地位、交通功能及其对沿线的服务功能等，可将城市道路分为快速路、主干路、次干路和支路四个等级，每个等级分别应符合以下规定。

第一，城市快速路是完全为机动车服务的，是解决城市长距离快速交通的汽车专用道路。快速路应中央分隔、全部控制出入、控制出入口间距及形式，应实现交通连续通行，单向设置不应少于两条车道，并应设有配套的交通安全与管理设施。快速路两侧不应设置吸引大量车流、人流的公共建筑物的出入口。[1]

第二，城市主干路是连接城市主要功能区、公共场所等之间的道路。主干路应连接城市各主要分区，以交通功能为主。主干路两侧不宜设置吸引大量车流、人流的公共建筑物的出入口。

第三，城市次干路是联系城市主干路的辅助交通线路，次干路应与主干路结合组成干路网，应以集散交通的功能为主，兼有服务功能。

第四，城市支路是次干路与街坊路的连接线，解决局部地区交通，以服务功能为主。各个街区之间的道路一般属于城市支路。支路宜与次干路和居住区、工业区、交通设施等内部道路连接。

好的道路景观规划设计，必须从基本出发，明确道路的分级，以便根据该道路的各种要素设计个性化特征，从而使道路和人之间产生交流，提升城市环境质量，营造具有亲切感与和谐感的城市空间，展示城市人文风貌。

---

① 姚恩建. 城市道路工程 [M]. 北京：北京交通大学出版社，2015.

三、城市道路的景观格局

历史上,城市道路景观呈现出各种形态。不同的道路景观格局源于不同的文化传统和习俗,不同线形的道路形式也给人以不同的视觉感受,并形成城市的文化性格。归纳起来,城市道路景观主要有格网形、环状放射形、不规则形和复合形等格局。

(一)格网形景观格局

格网形景观格局也被称为格栅形景观格局,其基本特征在于道路呈现出明显的横平竖直的正交特征。这种景观特征具有很大的优势,例如便于安排建筑与其他城市设施、利于辨认方位、使城市富有可生长性等。

中国传统城市大多以格网形道路格局为主要景观特征,由于大多数传统城市是由里坊制演化而来,因而城市道路形态往往是由规划粗放的网格道路和自发生长的小街巷叠加形成。

(二)环状放射形景观格局

环状放射形景观格局,其主要特征在于道路系统呈现明显的环状,并围绕某一中心区域逐步展开,从而形成具有明显向心性的圈层景观形态。其中,圆形道路景观格局具有明显的核心,因而此类道路景观常常被应用于需要明确突出城市核心的场合。

(三)不规则形景观格局

在"自下而上"这种城市生长模式下发展起来的城市中,城市道路较多地体现出不规则的形态特征。道路形态大多因地制宜,很好地结合城市的地形特征,并呈现出一种随机、自然的特点。

(四)复合形景观格局

复合形景观格局就是将以上两种或多种类型的景观格局叠加在一起而形成的一种道路景观格局。复合形景观格局是在城市长期发展历程中逐步形成的,这种格局往往是在格网形景观格局的基础上,根据城市分阶段发展过程的需要,采用多种类型景观格局组合而成。复合形景观格局的优点是可以因地制宜,并能够很好地组织城市交通。

第二节　城市道路景观规划设计内容与方法

道路景观是行人或乘客可以直接观赏到的景观。因此,景观规划设计直接影响到人们在通行空间中的感受。现代社会已不同于古代城市,新交通工具的出现造成城市路网组织形式的巨大转变,这对道路景观的形成有着直接的影响。古代的交通运输工具对人的步行活动产生的影响较小，但后来的汽车时代就不同了，道路的性质也发生了实质性的改变。由于人车混行、城市交通流量大，人们时刻面临着生命危险，生活环境遭受着废气、噪声等各类污染。针对这些情况，城市规划和城市设计就需要考虑通过调整道路的功能和路网形式来改变城市交通形象，如加强步行空间的连续性，实行人车分离的道路设计原则等各类措施，从而使道路景观规划设计有了决定性的转变。

城市道路景观规划设计方法有一定的特殊性，不仅要考虑景观本身功能上的要求，更要注重和行车安全的结合，必须综合多方面的因素进行考虑。在对城市道路景观的概念定义以及设计原则有了全面的了解之后，本节将按照城市道路景观规划设计的一般步骤对其景观规划设计方法进行介绍。[①]

一、调研分析

与其他类型的绿地占地形式相比较，道路绿地呈线形贯穿城市，沿路情况复杂，并且和交通关系密切。因此，调研的内容有一定的特殊性。调研的内容一般分为收集资料、现场调研、整理分析三部分。

（一）收集资料

在接到设计任务后，首先要收集相关的基础资料，这些基础资料除了包括气象、土壤、水体、地形、植被等自然条件资料之外，也包括道路本身所蕴含的历史人文资料，以及相关的道路设计规范、城市法规等设计规范资料。其次，还应了解该条道路上市政设施和地下管网、地下构筑物的分布情况，以及从城市规划和城市绿地系统规划中了解该条道路的等级和景观特色定位。

（二）现场调研

收集资料后，应当进行现场调研。现场调研时，要结合现场地形图进行记录，重点调查道路的现状结构、交通状况，道路绿地与交通的关系，人们的活动行为，道路沿线及其周边用地的性质，建筑的类型及风格，沿途景观的优劣等。以便在进行该道路绿地设计时，设计者能有效地结合周边环境，使绿地在保证交通安全、合理考虑其功能和形式的前提下，充分利用道路沿线的优美景观。

（三）整理分析

在调研之后需要对收集的资料进行整理和分析。整理资料包括对前期基础资料的整理和对现场调研资料的整理。根据所整理的资料提供的信息，分析出基地现状的优势和不足，并结合设计委托方的意见，提出规划设计的目标及指导思想，为下

---

① 郝彩红. 城市道路绿化隔离带对交通颗粒物的影响研究 [D]. 西安：长安大学，2019.

一步设计的定位和方案的深化提供科学合理的依据。

二、目标定位

合理准确的定位是展开道路景观规划设计所不可缺少的环节，是道路景观规划设计的灵魂，也是道路景观规划设计质量的评价标准之一。

道路的设计定位是指确定这条道路的景观风格和特色。影响道路规划设计定位的因素很多，包括城市的性质、历史文化、生活习俗等。有些城市会做城市道路绿地系统专项规划，更加清楚、系统地为每条道路定位，例如将道路分为城市综合性景观路、绿化景观路和一般林荫路。将对城市综合景观起重要作用的城市主干道及重要次干道规划为综合性景观路，将城市对外交通主干道及城市快速路规划为绿化景观路，其余道路规划为林荫路。这些都为道路景观进一步详细地定位提供了参考依据。

三、城市道路绿化横断面设计

（一）横断面的组成

城市道路横断面由车行道、人行道和道路绿带等组成。其中，车行道由机动车道、非机动车道组成。通常是利用立式缘石把人行道和车行道布置在不同的位置和高程上，以分隔行人和车辆交通，保证交通安全。机动车和非机动车的交通组织是分隔还是混行，则应根据道路和交通的具体情况分析确定。

道路绿带分为分车绿带、行道树绿带和路侧绿带：①分车绿带指车行道之间可以绿化的分隔带。位于上下行机动车道之间的为中间分车绿带；位于机动车道与非机动车道之间或同方向机动车道之间的为两侧分车绿带。②行道树绿带指布设在人行道与车行道之间，以种植行道树为主的绿带。③路侧绿带指在道路侧方布设在人行道边缘至道路红线之间的绿带。

（二）横断面的形式

城市道路横断面根据车行道布置形式分为四种基本类型，即一板二带式、两板三带式、三板四带式、四板五带式。此外，在某些特殊路段也可有不对称断面的处理。

一板二带式，指道路断面中仅有一条车行道。这条车行道可以为机动车和非机动车同时提供双向行驶空间，同时在车行道与人行道之间栽种两条行道树绿带。一板二带式由于仅使用了单一的乔木，布置中难以产生变化，常常显得较为单调，所以通常被用于车辆较少的街道或中小城市的道路。

两板三带式，指在一板二带式的车行道基础上增加一条分车绿带的形式。分车绿带的作用是将不同方向行驶的车辆隔开。两板三带式的布置形式，可以消除相向行驶的车流间的干扰。但与一板二带式绿化相同，此类布置依旧不能解决机动车与非机动车争道的矛盾，因此两板三带式主要用于机动车流较大、非机动车流量不多的地带。

三板四带式，指用两条分车绿带把车道分成三部分的形式，两旁是单向的非机动车道，中间是双向的机动车道。这种断面布置形式适用于非机动车流量较大的路段。

四板五带式，指用三条分车绿带将车行道分成四个车道的形式。其中，机动车和非机动车的车道均为单向行驶车道，两侧为非机动车道，中间为机动车道。四板五带式可避免相向行驶车辆间的相互干扰，有利于提高车速、保障安全，但道路占用的面积也随之增加。所以在用地较为紧张的城市不宜使用。

（三）横断面设计要点

道路横断面设计应按道路等级、服务功能、交通特性并结合各种控制条件，在规划红线宽度范围内合理布设。

对于快速路，当两侧设置辅路时，应采用四板五带式；当两侧不设置辅路时，应采用两板三带式。主干路宜采用四板五带式或三板四带式；次干路宜采用一板二带式或两板三带式，支路宜采用一板二带式。对设置公交专用车道的道路，横断面布置应结合公交专用车道位置和类型全断面综合考虑，并应优先布置公交专用车道。同一条道路宜采用相同形式的横断面。当道路横断面变化时，应设置过渡段。

四、城市道路绿地景观设计

道路的植物景观是构成道路景观的重要内容，它为原本生硬的城市道路添加了"软化"的效果，并对道路的特性进行了补充和强化，同时也是道路景观生态性的一项重要体现。植物景观对道路交通的安全性也起着重要的作用。道路植物景观设计包括分车绿带设计、行道树绿带设计和交叉口设计。

（一）分车绿带景观设计

分车绿带设计的目的是将人流与车流分开，将机动车与非机动车分开，以提高车速，保证安全。

绿带的宽度与道路的总宽度有关。有景观要求的城市道路其分车绿带可以宽达 20 m 以上，一般道路也需要 4 ~ 5 m。市区主要交通干道可适当降低，但最小宽度应不小于 1.5 m。

分车绿带以种植草皮和低矮灌木为主，不宜过多地栽种乔木，尤其是在快速干道上，因为司机在高速行车中，两旁的乔木飞速后掠会产生眩目感，而入秋后落叶满地，也会使车轮打滑，容易发生事故。在分车绿带种植乔木时，其间距应根据车速情况予以考虑，通常以能够看清分车绿带另一侧的车辆、行人的情况为度。在乔木中间布置草皮、灌木、花卉、绿篱，高度控制在 70 cm 以下，以免遮挡驾驶员的视线。

在分车绿带设计中，中间分车绿带的设计是为了遮断对面车道上车灯光线的影响。汽车的种类不同，前灯高度、照射角、司机眼睛的高度都不同。由此，设计中应考虑这些因素的影响。

为便于行人穿越马路，分车绿带需要适当分段。一般在城市道路中以 75～100 m 为一段较为合适。分段过长会给行人穿越马路带来不便，而行人为图方便会在分车绿带的中间跨越，这不仅造成分车绿带的损坏，还可能造成交通安全事故；分段过短则会影响行车速度。此外，分车绿带的中断处还应尽量与人行横道、大型公共建筑以及居住小区等的出入口相对应，方便行人使用。

（二）行道树绿带景观设计

行道树是道路植物景观设计中运用最为普遍的一种形式，它对遮蔽视线、消除污染起到相当重要的作用。所以，几乎在所有的道路两旁都能见到其身影。其种植方式有树池式和种植带式两种。

1. 行道树种植方式

行道树种植方式主要有以下两种。

（1）树池式

种植区域：行人较多或人行道狭窄的地段。

设计要点：树池可方可圆，矩形及方形树池容易与建筑相协调，圆形树池常被用于道路的圆弧形拐弯处。行道树应栽种于树池的几何中心，这对于圆形树池尤为重要。方形或矩形树池允许一定的偏移，但要符合种植的技术要求。

优缺点：由于树池面积有限，会影响水分及养分的供给导致树木生长不良，同时树与树之间增加的铺装不仅需要提高造价，而且利用效率也并不太高。所以，在条件允许的情况下应尽可能改用种植带式。

（2）种植带式

种植区域：人行道的外侧。

设计要点：为便于行人通行，在人行横道处以及人流较多的建筑入口处应予中断，或者以一定距离予以断开。有些城市的某些路段人行道设置较宽，除在车道两侧种植行道树外，还在人行道的纵向轴线上布置种植带，将人行道分为两半。内侧供附近居民和出入商店的顾客使用；外侧则为过往的行人及上下车的乘客服务。

优缺点：种植带式绿化带较树池式有利，而且对植物本身的生长也有好处。

2. 行道树的树种选择

相对于自然环境，行道树的生存条件并不理想，光照不足，通风不良，土壤较差，供水、供肥都难以保证，而且还要长年承受汽车尾气、城市烟尘的污染，甚至时常可能遭受有意无意的人为损伤，还有地下管线对植物根系的影响等等，都会有害于树木的生长发育。所以，选择对环境要求不严格、适应性强、生长力旺盛的树种就显得非常重要。

（1）生长特性

树种的选择首先应考虑它的适应性。当地的适生树种经历了长时间的适应过程，产生了对各种不利环境较强的耐受能力。其抗病、抗虫害力强，成活率高，而且苗木来源较广，应当作为首选树种。其次，还需依据实际情况选择速生或缓生品种，或者综合近期规划和远期规划中希望达到的效果予以合理配植。再次，根系的深浅也会影响行道树的选择，在易遭受强风袭击的地段不宜选用浅根的行道树；而根系过于发达的树种因其下部小枝易伤及行人或根系隆起破坏路面而不宜选用。除了以上要求，行道树还应具有较强的耐修剪性，并要避免在可能与行人接触的地方选择带刺的树种。

（2）观赏特性

考虑到景观效果，行道树需要主干挺直，树姿端正，形体优美，冠大荫浓。落叶树以春季萌芽宜早，秋天落叶宜迟，叶色具有季相变化树种为佳。如果选择有花果的树种，那么应该具有花色艳丽、果实美观的特点。植物开花结果是自然规律，作为行道树需要考虑花果有无造成污染的可能，即花果有无异味、飞粉或飞絮，是否会招惹蚊蝇等害虫，落花落果是否会砸伤行人、污染衣物和路面，会不会造成行人滑倒、车辆打滑等事故。

（3）主干高度

行道树主干高度需要根据种植的功能要求、交通状况和树木本身的分枝角度来确定。从卫生防护、消除污染的方面讲，树冠越大分枝越低，对保护和改善环境的作用就越显著，但同时行道树分枝也应保持足够的高度，因为分枝过低会阻碍行人及车辆的通行。

一般来说，分枝高度在 2 m 以上就不会对行人通行产生影响；考虑到公交车辆以及普通货车的行驶，树木横枝的高度就不能低于 3.5 m；如今部分地方选用双层汽车，那么高度要求会更高。考虑到各种车辆会沿边行驶，公交车要靠站停顿，所以行道树在车道一侧的主干高度至少应在 3.5 m 以上。

此外，树木分枝角度也会影响行道树的主干高度，如钻天杨，因其横枝角度很小，即使种植在交通繁忙的路段，适当降低主干高度，也不会阻碍交通；又如雪松，横枝平伸，还带有下倾，若树木周围空间局促，就得提高主干高度，甚至避免选用。此外，行道树主干高度还受各种工程设施的影响。

（三）交叉口绿地景观设计

城市道路的交叉口是车辆、行人集中交汇的地方，车流量大，易发生交通事故。

为改善道路交叉口人车混杂的状况，需要采取一定的措施，其中合理布置交叉口的绿地就是最有效的措施之一。交叉口绿地由道路转角处绿地、交通绿岛以及一些装饰性绿地组成。

交叉口在平面形状上可以划分为三岔路（丁字路、Y 字路）、四岔路、五岔路及一些变形的式样，有的曲线形或 L 字路的拐角也是形成节点的点状场所。交叉点的空间作为道路网络的认知空间，这要求交叉点空间既要形成平面领域，也要兼有广场的印象。

1. 道路转角处绿地设计

为保证行车安全，交叉口的绿化布置不能遮挡司机的视线。要让司机能及时看清其他车辆的行驶情况以及交通管制信号，在视距三角区内不应有阻碍视线的遮挡物，同时安全视距应以 30 ～ 35 m 为宜。当道路拐角处的行道树主干高度大于 2 m，胸径在 40 cm 以内，株距超过 6 m，即使有个别凸入视距三角区也可允许，因为透过树干的间隙司机仍可以观察到周围的路况。若要在安全视距三角区布置绿篱或其他装饰性绿地，则植株的高度要控制在 70 cm 以下。

2. 交通绿岛的设计

位于交叉口中心的交通绿岛具有组织交通、约束车道、限制车速和装饰道路的作用，依据其不同的功能又可以分为中心岛（俗称转盘）、方向岛和安全岛等。

（1）中心岛

中心岛主要用以组织环形交通，进入交叉路口的车辆一律按逆时针方向绕岛行驶，可以免去交通警察和红绿灯的使用。中心岛的平面通常为圆形，如果道路相交的角度不同，也可采用椭圆、圆角的多边形等。中心岛的最小半径与行驶到交叉口处的限定车速有关。目前我国大中城市所采用的圆形中心岛直径一般为 40 ～ 60 m。由于中心岛外的环路要保证车流能以一定的速度交织行驶，受环道交织能力的限制，在交通流量较大或有大量非机动车及行人的交叉路口不宜设置中心岛。如上海市区因交通繁忙，行人与非机动车量极大，中心岛的设置反而影响行车，所以到 1987 年基本淘汰了中心岛的运用。

（2）方向岛

方向岛主要用以指引车辆的行进方向，约束车道，使车辆转弯慢行，保证安全。其绿化以草皮为主，面积稍大时可选用尖塔形或圆锥形的常绿乔木，将其种植于指向主要干道的角端予以强调，而在朝向次要道路的角端栽种圆球状树冠的树木以示区别。

（3）安全岛

安全岛是为行人横穿马路时避让车辆而设。如果行车道过宽，应在人行横道的中间设置安全岛，以方便行人过街时短暂地停留，从而保障安全。安全岛的绿化以草皮为主。

五、城市道路设施

道路设施不仅是完善道路功能的必要条件，也是构成道路景观的一项重要元素。在进行道路景观设计时，须从功能和景观角度综合考虑道路设施的具体形态。常用的道路设施主要包括人车分离设施、交通指示设施、环境设施，见表4-1。

表4-1　道路设施类型、功能及设计要点

类型		功能	设计要点
人车分离设施	护栏	防止行人和机动车相互影响	护栏的颜色最好采用材料的原色，但有时为了防止护栏的腐蚀而不得不进行涂饰。在选择涂饰色彩时，使用低亮度、低色彩度的护栏，就不会和周围的颜色发生冲突，从而使街道景观显得紧凑和谐，但不醒目的颜色容易对夜间行车的司机造成危险，可以考虑在护栏靠近机动车道的一侧使用路边线轮廓标志
	隔离墩	防止机动车进入行道	隔离墩不宜有尖锐的边角。作为人车分离设施，其在色调和构思上要谨慎设计，尽量使隔离墩在道路整体景观中不显得突兀，应与整体景观相协调
交通指示设施	交通标牌	提供交通指示信息，保证交通安全畅通	不要使标牌的背面和支柱显得比标牌上的信息更显眼。为了不和标牌本身的色彩发生冲突，最好使用低亮度、低色彩度的色调。标牌的支柱最好能与地面完美地结合，不要在路面铺装上留下施工的痕迹
环境设施	照明设施	在夜间为道路提供必要的照明	照明景观设计应注意区分重点，有选择地适度用光，避免光污染，并注意使用节能光源和使用新型能源，达到景观性和绿色照明的结合。在道路的重要节点部位与人流活动密集的场所采用重点照明，着意刻画出照明重点区域和鲜明的夜景效果；在道路的一般片段应以功能性照明为原则进行普通照明，从而营造有序列、有重点、分层次的道路景观
	垃圾桶	保持道路卫生	垃圾桶应放置在大街上不引人注意的地方，特别是不要放置在十字路口、公交车站旁边。垃圾桶的设计要考虑其色彩和设计构思，特别是色彩上要和周围其他设施相一致。用来遮挡垃圾桶的设施也要注意和街道整体景观的融合

六、道路景观特征与速度

为保证驾驶员以及行人的安全，设计师应当对道路景观特征与速度的关系给予足够的重视。在设计中不仅要考虑景观特征对速度的影响，也要考虑不同速度对景观设计的要求。

（一）景观特征对速度的影响

道路的景观特征能够影响驾驶员的行车速度。其绿化效果、线条、面积和形状等，均可能含有暗示驾驶人员可以加速、应该减速、保持速度不变，或者对速度做有节奏的调节等信息。

例如，在一条凸形道路两侧种植高大乔木会产生收敛效果，使驾车者主观上产生速度过快的印象，从而诱使其减速。在转弯处种植高大乔木，也会诱导驾车者减速。相反，当道路的路面及道路空间逐渐开阔时，会给驾车者带来一种松弛感，从而提高车速。直线会有一种紧张的状态并容易导致高车速的出现，而虚线则暗示车辆的逐渐减速。这可以通过景观设计的手段来达到。例如在一条短的尽端路中，可以采用不同的材料、色彩或者纹理的路面来创造出交替间隔的路段从而诱导车辆减速。

（二）基于不同速度的道路景观设计

从交通安全与观赏效果的角度出发，以车行为主和以步行为主的道路因其速度不同，对景观设计有不同的要求。

1. 以车行为主的道路景观设计

在以机动车行驶为主的情况下，由于机动车在道路上行驶的速度较快，因而，只有靠增大道路宽度以及道路景观区范围，才能保证机动车与道路周边建筑有足够的观赏距离。同时，由于行车速度较快，在这一状态下景观主体（人）对景观客体（道路与沿线景色）的认识只能停留在整体概貌和轮廓特性，此时，景观设计重点在于"势"的渲染。

机动车在行驶中，驾驶员的注视点、视野与车速具有相关性，速度越高，注视点越远，视野越窄。因此，要想留下完整明确的景观印象，必须根据行车速度确定景观设计单元的变化节奏和组合尺度。

2. 以步行为主的道路景观设计

以步行为主要交通特征的道路要求景观区域相对封闭，这样才能抓住行人的注意力。由于步行观赏者是在一种慢速状态下观赏道路景观的，因而景观规划设计的重点应当放在对"形"的刻画与处理上。如：路体本身的形象、绿化植物的选择与造型、场所的可识别性，甚至是铺装材料、质感、色彩、台阶、路缘石等细节，均应仔细推敲，精心设计。

因此，要做好全面的道路景观规划设计。一方面，需要综合考虑现代交通条件下各种速度的道路带给使用者的视觉特性；另一方面，更需要根据道路的性质与功能将道路分成若干个等级，选择道路主要以使用者的视觉特性作为道路景观规划设计的主要考虑因素。

第三节　城市道路绿化

一、道路绿化的意义和作用

道路绿化是城市园林绿化的重要组成部分,它以"线"的形式广泛分布于全城,联系着城市中分散的"点"和"面"绿化,组成完整的城市园林绿地系统。城市街道绿化改善了城市环境,并为居民提供了良好的休息场所。

(一)调节改善道路小气候

道路上茂密的行道树,建筑前的庭院绿化,以及道路旁的各种绿地,对于调节道路附近地区的温度、湿度和减低风速都有良好的作用,在一定程度上可改善道路的小气候。

绿化可改变道路的地表温度及道路附近的气温。进入大气的太阳辐射热绝大部分被地面吸收,致使地表温度升高。就地表而言,不同质地的地面在同样日光照射下的温度不同,增热和降热的速度也不同。树荫下地表温度为 32℃时,草地地表温度为 35℃,混凝土路面温度为 46℃。

地表温度的降低,使得绿地附近的大气温度相应降低。在炎热的夏季,绿地内的温度较非绿地内的温度一般低 3℃ ~ 5℃。因此,在炎热的季节里,行人和车辆走在道路树荫下有凉爽的感觉。

不同树种树荫下的地表温度和气温也不相同。影响地表温度和大气温度的因素很多,从绿化植树的角度分析,不同的树种,由于枝叶茂密程度不同,树冠的透光率不一样,树荫下的温度也不同。在进行街道绿化设计时,应根据不同的绿化目的和要求,选择适宜的树种。例如,行道树要选择树大荫浓,透光率小的树种,而在建筑物前和草地上应当选择树形优美,有适当透光率的树种。[①]

不同的绿化方式对地表温度的影响也不同。没有绿化的街道地表温度比有绿化的道路要高,即使是有绿化的街道,不同的种植方式对地表温度的改善也不相同。如果将有一排行道树的道路,有两排行道树的道路还有花园林荫路这三种道路形式进行比较,林荫路在改善地表温度方面是优于前两种形式的。

(二)减弱噪声

随着现代工业、交通运输、航空事业的发展,噪声污染日益严重,而城市的环境噪声 70% ~ 80% 来自地面交通产生噪声。在车流量大的城市干道上,噪声可达 100 dB。实践证明,具有一定宽度的绿化带可以明显地减弱噪声。

---

① 邱巧玲,张玉竹,李昀.城市道路绿化规划与设计 [M].北京:化学工业出版社,2011.

（三）净化空气

1. 吸收二氧化碳放出氧气

绿色植物进行光合作用不断吸收二氧化碳和放出氧气，地球上的森林绿地每年为人类吸收处理掉二氧化碳气近千亿吨，空气中 60% 的氧气来源于森林绿地。一般来说，城市中的绿化和行道树对吸收二氧化碳和制造氧气是有很大作用的。

2. 吸收硫氧化物等有害气体

硫氧化物是大气的主要污染物之一，此外还有一氧化碳、臭氧、碳化物等有害气体。以二氧化硫为例，被叶片吸收后，能被转化为毒性更小的硫酸根离子，然后随着植物叶片的衰老凋落，它所吸收的硫也一同落到地上，从而实现净化大气。

3. 吸滞烟尘和粉尘

大气中除有害气体外，还有烟尘、粉尘的污染。灌木绿带是一种理想的防尘材料，它可以通过比自身占地面积大 20 倍左右的叶面积和降低风速的功能，把街道上的粉尘、烟尘截留在绿带中和绿带附近，使道路绿化有明显的降尘作用。

（四）道路绿化对分隔交通及美化城市街景的作用

1949 年以后，我国城市建设有了较大的发展，城市交通运输量逐年增加。在一些较大的城市每天机动车和非机动车在高峰时可达上百万辆，同时还有数十万人在街道上行车、乘车或逗留。如何处理好街道绿化与城市交通的关系以及如何发挥绿化对于交通的调节作用日益成为一个重要的课题。

在城市道路规则中，常用绿化隔离带将快车道与慢车道分隔开，称为"三块板"。用中央隔离带将上下行车辆分隔开，称为"两块板"。而在人行道与车行道之间又有行道树及人行道绿化带将行人与车辆分开。另外在交通岛、立体交叉广场、停车场也需进行一定方式的绿化。在道路上，这些不同的绿化都可以起到组织城市交通、保证行车速度和交通安全的作用。

植物的绿色在视觉上给人以柔和而安静的感觉。在路口和转弯的地段，特别在立体交叉的设计中，常用树木作为诱导视线的标志。

（五）城市道路绿化在结合生产方面的作用

现在，我们在进行道路绿化时，提倡在充分满足道路绿化的各种功能要求的同时，注意同生产结合起来，为国家生产出一定的物质财富。在结合生产的问题上要注意从实际出发，讲求实效。近年来各城市都在进行实践，取得了不少的经验。

道路绿化结合生产除种植果树外，还可以种植一些经济价值高的树种，例如蒲葵、樟树等。在郊区公路上可以种植紫穗槐、枸杞、花椒等。有的叶子可以沤绿肥或作饲料，有的枝条可做编织器具。

道路绿化结合生产一定要因地制宜，根据本地区的特点选择适宜树种。特别是种植果树，应当选择树形高大整齐、枝叶茂盛、适应性强、便于管理、病虫害少的品种。同时还应有相当的管理措施才能达到预期的目的。

二、道路绿化的环境条件

城市道路环境较为复杂，有很多条件与公园绿地不同，影响树木生长的不利因素较多。在进行城市道路绿化设计时，必须充分考虑道路上的特殊条件，最后确定适合的方案。

（一）土壤

1. 土层的厚度

由于地下设施和岩石的存在，应了解土层的厚度。一般认为，土层 40 cm 以上可种草坪，土层 50 ~ 100 cm 可种灌木、小乔木或浅根性乔木；土层 100 ~ 150 cm 可种乔木或大乔木。

上述仅为一般标准，还要根据土壤的物理性质、灌溉条件和薄土层范围等的不同而有所变化。如果土壤的保水性好、透气性好、水源充足又有较好的喷灌条件、排水的效能也好，那么这些因素对植物的生长是有利的，所以土层相应可薄一些。

2. 土壤酸碱度（pH 值）

各种树木对土壤的酸碱度都有一定的适应范围，超过一定的范围树木就不能正常生长。

3. 土壤密实度

又称土壤的孔隙度，主要是指土壤中空隙的多少，能保留多少空气。城市土壤由于人为的因素，比如人踩、车压或曾做地基夯实致使土壤板结、透气性差，有时也由于不透水致使植物的根窒息或腐烂。一般来说，土壤密实度在 1.45 g/m³ 时适宜树木生长。

4. 土壤水分

黏性土壤透水性差、土壤水分高，如果种植不耐水湿的树木就会烂根、生长不良甚至死亡。

（二）烟尘与其他因素

烟雾灰尘一般都是固体或液体微粒散浮在空中，如煤烟、煤尘、水泥和金属粉尘、化学烟雾等。临近污染源的街道，其绿化受到灰尘烟雾的影响较大。主要是由于烟尘降低了光照强度和减少了光照时间，对植物光合作用有不良影响。

1. 有害气体

道路附近的工厂排出的有害气体和汽车排出的有害气体都直接影响树木的生

长。有害气体主要以气态存在于大气之中。一般有二氧化碳、一氧化碳、氟化氢、氯气和氮氧化物等。许多树木受害后表现为：出现色斑、生长量降低、早落叶、不开花结实或延迟开花结实、早衰等现象。

2. 日照

决定光照的主要因素是地理纬度、高度，季节和昼夜等条件。行道树一般都在建筑物一侧的阴影范围内，遮阴的大小和时间长短与建筑物的高低有关，也和街道的方向有密切关系。

3. 风

作为生态因素的风主要是影响蒸腾作用以及引起各种不同的机械作用。风的影响在各地是不一样的，受到最强烈影响的是广阔的平原、海滨地区和山地地区。从大陆吹来的风能起到干燥作用，从海洋吹来的风则带来很多水分。

4. 人为的损伤和破坏

由于道路上人流和车辆繁多，往往会破坏树皮、折断树枝或摇晃树干。重量较大的车辆也会压断树根，在选择道路树种时要对这个环境因素进行具体的分析，同时也要选择耐性强的树种。

5. 其他环境条件

地下水位较高的地方容易使地表反碱，使 pH 值增高从而影响树木生长，严重时会使整条街的树木死亡。

在街道上，地上、地下管线密布，各种树木与管线虽都有一定的距离，但树木的生长仍会受到限制，特别是在架空线路下的树木要经常修剪，尤其是一些速生树。但同时也要注意，如果树木的中央主干被修掉，可能会影响树形的美观甚至会使树木生长受到抑制而影响其寿命。

三、道路绿化规划设计与树种选择

（一）城市道路规划设计的一般知识

1. 城市道路系统规划的基本要求

第一，城市道路系统规划，首先要考虑城市用地功能分区和交通运输的要求，使城市道路主次分明，分工明确，组成一个合理的交通运输网。

第二，节约用地，合理确定道路宽度和道路网密度，充分利用现有资源。

第三，充分结合地形规划道路的平面形式，充分考虑地质条件，有利于地面水的排除。

第四，考虑城市环境卫生要求，有利于城市的通风和日照，防止暴风袭击。

第五，便于管线的布置和街道绿化。

第六，满足城市建筑艺术要求。

2. 城市道路规划设计中常用的技术名词

红线：在有关城市建设的图纸上划分建筑用地和道路用地的界限，常以红色线条表示，故称红线。

道路分级：目前我国城市道路大部分都按三级划分，如主干道（全市性干道）、次干道（区域性干道）、支路（居民区或街坊道路）。道路分类的主要依据是道路的位置、作用和性质，根据这些因素决定道路宽度和线型设计。

道路总宽度：也叫路幅宽度，即规划建筑线（建筑红线）之间的宽度。它是道路用地的范围，包括横断面各组成部分用地的总称。

分车带：车行道上纵向分隔行驶车辆的绿带。

交通岛：在道路上，为利于管理交通而设置的一种岛状设施。一般用混凝土或砖石围砌，高出路面十余厘米。岛上也可绿化，交通岛有几种形式：即设置在交叉口中心引导行车的中心岛，路口上分隔进出车辆的方向岛，宽阔街道中供行人避车的安全岛。

高速公路：供汽车高速行驶的公路，一般能满足 120 km/h 或更高的速度。为了保证行车安全，高速公路上设有必要的信号及照明设备并禁止行人和非机动车在路上行驶，与其他道路交叉时采用立体交叉。行人穿行时采用跨线桥或地道。

道路横断面的组成：主要由车行道（机动车道又称快车道和非机动车道又称慢车道）、人行道、绿化带组成。

3. 城市道路横断面的类型

目前国内外主要采用以下三种类型。

三块板形式：即机动车道与非机动车道用分车带隔开，机动车在中间，非机动车在两边。

两块板形式：道路被重要分车带分成两部分，形成上下行的对向车流。这种形式常应用于交通量不太大的街道以及郊区的快速车道。

一块板形式：是一种混合交通形式，即机动车与非机动车均在一条道路上行驶。这种形式适用于路幅窄、交通量大、占地困难或拆迁量大的旧城区。

4. 城市主要行道树种的确定

城市道路绿化应该统一考虑，根据道路的不同级别、不同位置和每条道路的具体条件来确定树种。在城市干道上宜选用城市代表性的树种。一个城市中应以某几个树种为主，分别布置在几条城市干道上，同时也要有一些次要的品种。

城市道路的级别不同，绿化也应有所区别。主要干道的绿化标准应较高，在形式上也应多种多样。

行道树树种的确定还要考虑树种对环境的生存要求，即必须因地制宜。一般要求选择能适应当地生长环境，移栽时容易成活，生长迅速而且能健壮生长的树种。同时，还应该管理省工，对土壤、水、肥要求不高、耐修剪、病虫害少。如果所选树种树冠整齐、树干挺拔、遮阴效果好且能够生产果实或其他经济产品，则更为理想。

总之，城市道路绿化树种规划是城市园林建设总体规划的一个重要组成部分，树种的选择既要满足园林绿化的多功能要求，又要适地适树，使不同树种能够更好地发挥自己的优势，做到节约和保护资源。所以，应根据道路的类别及其性质和每条道路的具体情况选择合适的树种，配置后能展示树种特色，满足对行道树的各种要求。

5. 道路横断面的绿化设计方案

在道路的总宽度中除车行道和人行道外，还有各种绿化带、人行道绿带、防护绿带等。每种绿带的作用都不相同，因此在植物布置上也有所不同。一般行道树以种植乔木为主。为了美化城市，在重点街道上除种植乔木外，还可种植灌木、花卉和草皮。在我国北方，由于落叶时间较长，在道路绿化规划时应适当增加常绿树的比例。在设计道路横断面的绿化时应根据道路的等级、性质、投资、苗木来源，施工养护的技术水平等因素提出不同方案，进行综合比较，最后选定最佳方案。

（二）道路绿地规划设计原则

道路绿地规划设计应统筹考虑道路功能性质、人行及车行要求、景观空间构成、立地条件、市政公用及与其他设施的关系，并要遵循以下原则。

1. 体现道路绿地景观特色

道路绿地的景观是城市道路绿地的重要功能之一。一般城市道路可以分为城市主干道、次干道、支路、居住区内部道路等。城市主次干道绿地景观设计要求各有特色、各具风格。许多城市希望做到"一路一树""一路一花""一路一景""一路一特色"等。

2. 发挥防护功能作用

改善道路及其附近地域小气候生态条件，降温遮阴、防尘降噪、防风防火、防灾防震是道路绿地特有的生态防护功能，是城市其他景观硬质材料无法替代的。规划设计中可根据遮阴、遮挡、阻隔的需要，采用密林式、疏林式、地被式、群落式以及行道树式等栽植形式。

3. 道路绿地与交通组织相协调

道路绿地设计要符合行车视线要求和行车净空要求。在道路交叉口视距三角形范围内和弯道转弯处的树木不能影响驾驶员视线通透性。在弯道外侧的树木沿边缘整齐连续栽植，预示道路线型变化，引导行车视线。在各种道路的一定宽度和高度范围内预留出车辆运行空间，树冠和树干不得进入。同时要利用道路绿地的隔离、屏挡、通透、范围等交通组织功能设计绿地。

4. 树木与市政公用设施相互统筹安排

道路绿地中的树木与市政公用设施的相互位置，应按有关规定统筹考虑、精心安排，布置市政公用设施应给树木留有足够的立地条件和生长空间，新栽树木应避开市政公用设施。各种树木生长需要有一定的地上、地下生存空间，以保障树木的正常发育，保持健康树姿和生长周期，起到道路绿地应发挥的作用。

5. 道路绿地树种选择的原则

第一，以园林树种的生态适应性作为树种推荐的主要依据，充分认识当地生态环境条件，以体现现代化城市的风貌为目的来选择树种。

第二，根据不同园林树种生存、生长状况，因地制宜、适地适树。在注重园林树木生态适应性的前提下，发挥生态及景观的功能。

第三，遵循本地制备区域的自然规律，突出不同的气候带落叶、阔叶林的地方风格特色，强调地域性植物的作用。

第四，遵循物种多样性与遗传多样性的原则的同时择优种植，在选择应用园林树木自然种类（种、变种）的同时，重视选择应用人工选育的优良种类和品种。

第五，树种选择及应用方面遵循：以乡土树种为主、乡土树种与外来树种相结合；以落叶树种为主，落叶树种与常绿树种相结合；以乔木树种为主，乔木、灌木及藤本相结合；速生与慢长树种相结合，长寿树种需达到合理比例，以实现城市树木群落整体结构的相对稳定。

6. 道路绿地建设应将近期和远期效果相结合

道路树木从栽植开始到形成较好景观效果，一般需要 6 年左右的时间，道路绿地要有长远的规划设计，栽植树木不能经常更换、移植。近期效果与远期效果要有计划、有组织地周全安排，使其能尽快发挥作用且能在树木壮年保持较好的形态效果，使近期与远期效果真正结合起来。

（三）行道树的设计

行道树是道路绿化最基本的组成部分，沿道路种植一行或几行乔木是道路绿化最普遍的形式。在做行道树设计时，除遵循一般绿化设计的原则外还应着重解决以下问题。

1. 行道树种植带的宽度

为了保证树木正常生长的最低条件，在道路设计时应留出 1.5 m 以上的种植带。特殊情况，如用地紧张时，可以留出 1.0 ～ 1.2 m 的绿化带。一般来说，由于道路铺装面积大、裸土面积小、土壤的通气和透水情况不良，将会导致植物生长不良，所以保证种植带的一定宽度是必要的。

行道树种植带上可将种植池做成条形和方形两种。条形树池施工方便，对树木生长也有好处，但裸露的土地多，不利于街道卫生。特别是在雨后和浇水时，泥土易玷污人行道，影响行走，故也可将条形树池用铺装填充一部分，改为方形。还可在条形树池中种植草皮、地被植物。

方形树池主要用于行人来往频繁的地段。方池的大小一般采用 1.5 m × 1.5 m，也有 1.2 m × 1.2 m，在道路的开阔地段也有采用 2 m × 2 m 的，应因地制宜。

2. 确定合理的株行距

正确的行道树的株行距，能充分发挥行道树的作用并能合理使用苗木。因此，株行距的大小要根据苗木树龄（也称苗木规格）的不同来决定。株行距的大小同时要考虑树木的生长速度。例如杨树类属于生长速度快的树种，寿命短，一般在道路上种植 30 ~ 50 年后就要更新，壮龄期只有 10 ~ 20 年，因此种植干径 5 ~ 10 cm 的杨树株距可定为 6 ~ 8 m。

确定合理的株行距时，还要考虑其他因素，如交通和市容的需要。在一些重要的建筑前面，不宜遮挡过多，株距应当加大或不种大乔木以显出建筑的全貌。只考虑树种不考虑市容是不全面的，在人流往来频繁的街道，特别是商业街道，树木种植不要过多以免影响交通。

关于行道树的株距，我国各大城市略有不同，就目前趋势看，由于采用大规格苗木，苗木的栽植逐渐趋向于加大株距和采用定植株距。常用的株距有 4 m、5 m、6 m、8 m。

3. 行道树和管线的关系

行道树是沿车行道种植的树木，沿车行道一般有电力、电信、照明和无轨电车轻轨等干线。在设计行道树时要处理好与它们的关系，才能达到理想的绿化效果。

在道路规划时，应避免行道树和干线在横断面上处于同一位置，否则就要设法选择合适的树种以减少树枝与电线互相干扰。栽植在电线下的树最好是耐修剪、易整形或没有主尖的树种。可用修剪方法控制树冠，以减少树木和电线的矛盾。可把行道树修剪成球形或伞形，既整齐美观，又能严格控制高度。耐整形和修剪的树种有垂榆、复叶槭等。因为乔木的修剪是很费工的，所以这种方法不能多用。

在人行道或绿带的下面，各种地下管线对行道树树根的生长发育是有影响的，特别是在管线施工、维修时对根系的破坏较为严重。同时，树木的根系有时钻入下水道内也影响水流通畅。因此行道树应与地下的各种管线保持一定距离。

（四）道路绿地断面布置形式

道路绿地断面布置形式与道路横断面的组成密切相关，我国现有道路多采用一块板、两块板、三块板式、相应道路绿地断面也出现了一板两带、两板三带、三板四带以及四板五带式。

1. 一板两带式绿地

这种形式是最常见的道路绿地形式，中间是车行道，在车行道两侧的人行道上种植一行或多行行道树。其特点是简单整齐，对其管理方便，但当车行道较宽时遮阴效果比较差。此种道路形式多用于城市支路或次要道路。

2. 两板三带式绿地

这种道路绿地形式除在车行道两侧的人行道上种植行道树外，还用一条有一定宽度的分车绿带把车行道分成双向行驶的两条车道。分车绿带中种植乔木，也可以种植草坪、宿根花卉、花灌木。分车带宽度不宜小于2.5 m，以5 m以上的景观效果最好。这种道路形式在城市道路和高速公路中应用较多。

3. 三板四带式绿地

用两条分车绿化带把车行道分成三块，中间为机动车道，两侧为非机动车道，加上车道两侧的四条绿化带，绿化效果较好并解决了机动车和非机动车混合形式的矛盾。分车绿化带以种植1.5 ~ 2.5 m的花灌木或绿篱造型植物为主，分车带宽度在2.5 m以上时可种植乔木。

4. 四板五带式绿地

利用三条分隔带将行车道分成四条，使机动车和非机动车都分成上、下行而互不干扰，行车安全有保障，这种道路形式适于车速较高的城市主干道。

我国城市多数处于北回归线以北，在盛夏季节南北向街道的东边及东西向街道的北边受到日晒时间较长，因此行道树应着重考虑路东和路北的种植。在东北地区还要考虑到冬季获取阳光的需要，所以东北地区行道树不宜选用常绿乔木。

（五）道路绿地设计要素

1. 道路绿地的组成

道路绿地包括人行道绿地、分车绿化带、防护绿地、广场绿地、交通岛绿地、街头休息绿地等形式。在我国城市的道路中绿化带一般要占到总宽度的20% ~ 30%，其作用主要是为了美化街道环境，同时为城市居民提供日常休息的场地，在夏季为街道遮阴。

2. 道路绿地率

道路绿地率：①园林景观路绿地率不得小于40%；②红线之间的宽度大于50 m的道路，绿地率不得小于30%；③红线之间的宽度在40 ~ 50 m的道路，绿地率不得小于25%；④红线之间的宽度小于40 m的道路，绿地率不小于20%。

3. 道路树种配置要点

第一，在树种搭配上，最好做到深根系树种和浅根系树种相结合。

第二，阳性树和较耐阴树种相结合，上层要栽阳性喜光树种，下层可栽耐阴树种。在下层种植的花灌木，应选择下部侧枝生长茂盛、叶色浓绿、质密、较耐阴的树种。

第三，道路绿带栽植时，最好是针叶树和阔叶树相结合，常绿树和落叶树相结合。

第四，要考虑各树木生长过程，各个时期之间，株间生长发育的不同，合理搭配，使其达到好的效果。

第五，对各类树木的观赏特性，采用不同的配置，组成丰富多彩的观赏效果。

第六，根据所处的环境条件，选择相应的滞尘、吸毒、消音强的树种，提高净化效果。

4.道路树种和地被植物的选择原则

市区内街道的环境条件都比较差，路面辐射温度较高、空气干燥、交通车辆的废气排放量大、土壤密实、建筑渣土较多再加上空中、地下管线比较复杂等不利因素，因此树种的选择更为严格。要选择适合道路环境条件、生长稳定、具有观赏价值和环境效益的植物种类。

第一，适地适树，多采用乡土树种和移植时易成活且生长迅速而健壮的树种。

第二，选择管理粗放、病虫害少、抗性强、抗污染的树种。

第三，选择树干挺拔、树形端正、体形优美、树冠冠幅大、枝叶茂密、分枝点高、遮阴效果好的树种。

第四，选择发芽早、展叶早、落叶晚而落叶期整齐的树种。

第五，选择树种为深根性、无刺、无毒、无臭味、落果少、无飞絮、无飞粉的树种。

第六，花灌木应该选择花繁叶茂、花期长、生长健壮和便于管理的树种。

第七，绿篱植物和观叶灌木应选用萌芽力强、枝繁叶密、耐修剪的树种。

第八，地被植物应选择茎叶茂密、生长势强、病虫害少和易于管理的木本或草本观叶、观花植物，其中草坪地被植物应选择覆盖率高、耐修剪和绿期长的种类。

（六）城市交通岛绿化设计

交通岛是指控制车流行驶路线和保护行人安全而布设在道路交叉口范围内的岛屿状构造形式，起到了引导行车方向，组织交通的作用。按其功能及布置位置可分为导向岛、分车岛、安全岛和中心岛。

交通岛绿地是指可绿化的交通岛用地。交通岛绿地分为中心岛绿地、导向岛绿地和立体交叉绿地。其主要功能是诱导交通、美化市容，通过绿化辅助交通设施显示道路的空间界限，起到分界线的作用。通过在交通岛周边的合理种植，可强化交通岛外缘线的范围，有利于引导驾驶员的行车视线，特别是在雪天、阴天、雨天，可弥补交通标志的不足。通过交通岛绿地与周围建筑群相互配合，使空间色彩和体形的对比与变化达到互相烘托、美化街景的效果。通过绿化吸收机动车的尾气和道路上的粉尘，改善道路环境卫生状况。

1. 中心岛绿地

中心岛是设置在道路交叉口中央，用来组织左转弯车辆的交通和分隔对向车流的交通岛。中心岛的形状主要取决于与相交的道路中心线角度、交通量大小和等级等具体条件。中心岛绿地一般多用圆形，也有椭圆形、卵形、圆角方形和菱形等。常规中心岛直径在 25 m 以上。我国大、中城市多采用 40 ~ 80 m。

可绿化的中心岛用地称为中心岛绿地。中心岛绿化是道路绿化的一种特殊形式，原则上只具有观赏作用，不许游人进入的装饰性绿地。布置形式有规则式、自然式、抽象式等。中心岛外侧汇集了多处路口，为保持行车视线通透，中心岛不宜密植乔木、常绿小乔木或大灌木。绿化以花灌木、草坪、花卉为主或选用几种不同质感、不同颜色的低矮常绿树、花灌木和草坪组成模纹花坛。图案应简洁、曲线优美、色彩明快。但中心岛绿地不要过于繁杂和华丽，以免分散驾驶员的注意力及行人驻足欣赏而影响交通，不利于安全。若交叉口外围有高层建筑时，图案设计还要考虑俯视效果。

位于主干道交叉口的中心岛因位置适中，人流及车流量大，是城市的主要景点，可在其中设雕塑、市标、组合灯柱、立体花坛等作为构图中心。但其体量、高度等不能遮挡人的视线。

若中心岛面积很大，布置成小游园时必须修建过街通道与道路连接，保证行车行人安全。

2. 导向岛绿地

导向岛是用以指引行车方向，约束行道使车辆减速转弯来保证行车安全的。在环形交叉口进出口道路中间应设置交通导向岛，并延伸到道路中间隔离带。

导向岛绿地是指位于交叉路口上可绿化的导向岛用地。导向岛绿化应选用地被植物、花坛或草坪，不可遮挡驾驶员视线。

3. 立体交叉绿地

立体交叉是指两条道路不在同一个平面上的交叉。高速公路与城市各级道路及快速路交叉时必须采用立体交叉。大城市的主干路与主干路交叉时，视具体情况也可设置立体交叉。立体交叉使两条道路上的车流可各自保持其原来车速前进、互不干扰，是保证行车快速、安全的措施。但由于其占地大、造价高，所以应尽量选择占地少的立交形式。

（1）立体交叉口设计

立体交叉口的数量应根据道路的等级和交通的需求做系统的设置。其体形和色彩等应与周围环境协调，力求简洁大方、经济实用。在一条路上有多处立体交叉时，其形式应力求统一，其结构形式应简单，占地面积应尽量少。

（2）立体交叉绿地设计

立体交叉绿地包括绿岛和立体交叉外围绿地。设计原则是绿化设计首先要服从立体交叉的交通功能，使行车视线通畅，突出绿地内交通标志，引导行车，保证行车安全。例如，在顺行交叉处要留出一定的视距，不种乔木，只种植低于驾驶员视线的灌木、绿篱、草坪和花卉。在弯道外侧种植成行的乔木，突出匝道附近动态曲线的优美，引导驾驶员的行车，使行车有一种舒适安全之感。

绿化设计应服从于整个道路的总体规划要求，且要和整个道路的绿地相协调。要根据各立体交叉的特点进行，通过绿化装饰，增添立交桥处的景色，形成地区的标志，并能起到道路分界的作用。

绿地设计应以植物为主，发挥植物的生态效益。为了适应驾驶员和乘客的瞬间观景的视觉要求，宜采用大色块的造景设计，布置力求简洁明快与立交桥宏伟气势相协调。

植物配置上同时考虑其功能性和景观性，尽量做到常绿树与落叶树结合，快生树和慢生树结合，乔、灌木及草相结合。注意选用季相不同的植物，利用其叶、花、果、枝条的季相特征形成色彩对比强烈、层次丰富的景观，提高生态效益和景观效益。

树种选择首先应以乡土树种为主，选择具有耐旱、耐寒、耐瘠薄的树种，能适应立体交叉绿地的粗放管理。

此外，还应重视立体交叉形成的一些阴影部分的处理，耐阴植物和草皮不能正常生长的地方应该改为硬质铺装，作自行车、汽车的停车场或修建一些小型服务设施。

（七）高速公路绿化设计

高速公路是专供汽车分向、分道行驶并全部控制出入的干线公路。由于高速公路是4车道以上的公路，车速达80～120 km/h，因此要确保行车安全，必须控制汽车分向、分道行驶，路面中线上应设置分隔。通常高速公路中央分隔带用钢筋水泥材料构建成防撞墙带，有的也将植物作为材料栽培成绿化带。

1. 设计原则

第一，高速公路绿地要充分考虑到高速公路的行车特色，以"安全、实用、美观"为宗旨，以"绿化、美化"为目标，防护林要做到防护效果好且管理方便。

第二，注意整体节奏，树立大绿地、大环境的思想，在保证防护要求的同时，创造丰富的林带景观。

第三，满足行车安全要求，保障司机视线畅通同时对司机和乘客的视觉起到绿色调节作用。

第四，高速公路分车带应采用简单重复形成的节奏韵律，并要控制绿化高度以遮挡对面车的灯光，保证良好的行车视线。

第五，从景观艺术角度来说，为丰富景观的变化，防护林的树种也应适当加以变化，在同一段防护林带里配置不同的林种，使之高低、外形、枝干、叶色等都有所变化以丰富景观效果，但在具有竖向起伏的路段，为保证绿地景观的连续性，起伏变化处两侧的防护林最好是同一林种、同一距离，以达到统一协调。

2. 生活服务区绿化设计

高等级公路的生活服务区主要供司机及乘客作短暂停留，满足车辆维修、加油的需要。设施主要有加油站、维修站、管理站、餐饮、旅店、商店、停车场及一些娱乐设施等。服务区的建筑大多造型新颖且具有现代感，其绿化可采用混合式布局，以大面积的缀花草坪为底色，通过植物造景，用植物柔软的线条去衬托建筑的形式美。

高速公路的服务区绿化设计如下：①中心大花坛喷泉区以开敞草坪为主，并适当点缀宿根花卉及地被植物，如铺地柏、金焰绣线菊等，四周以宿根花卉镶边。②旅店区、商店的周围适当点缀针叶树、亚乔木及一些花灌木，并种植若干花卉带，如矮牵牛、黄花景天、长青石竹等。③餐馆区的后面设栏杆及铁丝网，种植攀缘植物，如葡萄、地锦、软枣、猕猴桃等，进行垂直绿化，以遮挡有碍观瞻的厨房设施等。④加油站、管理站周围以草坪为主，适当种植若干常绿树如油松、青扦、云杉等及一些花灌木、亚乔木。⑤防护绿地及预留地区的最边缘区，种植一排常绿树，起界定服务区范围和防护的作用。在预留地区种植山楂、海棠果、山梨等果树林，形成富有特色的绿化区域。

3. 互通区绿化设计

互通区是高等公路上的重要节点，地理位置十分重要。在大小不同、形状各异的绿地中，互通区绿化利用不同植物材料的镶嵌组合，形成层次丰富、景色各异的花园绿岛。设计要点总结如下：①采用大色块的缀花草坪为基础绿化，给人以开敞的视线和大气的绿化效果。②中心绿地注意构图的整体性，可用剪型树和低矮花灌木组成绿化图案，图案应以美观大方、简洁有序为主，使人印象深刻。③小块绿地以疏林草地的形式群植一些常绿树和秋景树，以丰富季相变化，反映地方特色。④弯道外侧可适当种植高大的乔灌木做行道树以引导行车方向，使司机、乘客有一种心理安全感，弯道内侧绿化应保证视线通畅，不宜种遮挡人们视线的乔灌木。

4. 分车带绿化设计

高速公路中央分隔绿化带，宽度一般在 2 m 以上，最宽可达 5 m 左右。分隔绿化带上种植应以草皮为主，严禁种植乔木以免树冠干扰司机视线，产生眩目感从而引发交通事故。中央分隔绿化带也可种植低矮且修剪整齐的常绿灌木及花灌木，但一定要特别注意植株的疏密度。中央分隔带绿化设计中，常用的组合模式有以下几种。

（1）单行篱墙式

这种形式常用一种绿篱植物，按同一株距均匀分布，修剪成规整的一条篱墙带。定型高度在 1.2 ～ 1.5 m。

（2）单行球串式

这种形式选用一种或两种树冠整形为圆球状的植物为材料，按修剪定型的冠球应按合理株距种植，单行布局形成一串圆球状绿带。

（3）图案式

这种形式选用一种绿色灌木为基色材料，选择 1 ～ 2 种彩叶植物如紫叶小檗、女贞、变叶木为种植材料布置成各式图案。

5. 边坡绿化

由于公路边坡较陡，应种植树木、植被以固土护坡，防止雨水冲刷。

用短草保护坡面的工作叫植草。裸露着的坡面，缺乏土粒间的黏结性能，若任由植物自然生长就需要很长时间才能发挥其固土护坡的作用。植草就是人为地、强制性地一次栽种植物群落，以使坡面迅速覆盖上植物。

植草方法及其植物品种选择。植草有各种方法，每种方法都有优点和缺点，应该选择适应当地条件和施工时期的方法。植物品种有紫穗槐、胡枝子、五叶的锦、紫花苜蓿、地毯草等。

（八）停车场绿化设计

机动车停车场的绿化可分为周边式、树林式、建筑物前广场兼停车场等 3 类。

1. 周边式绿化停车场

多用于面积不大且车辆停放时间不长的停车场。种植设计可以和行道树结合，沿停车场四周种植落叶乔木、常绿乔木、花灌木等，用绿篱或栏杆围合。场地内地面全部铺装。

2. 树林式绿化停车场

多用于面积较大的停车场。场地内种植成行的落叶乔木，形成浓荫，夏季气温比道路上低，适宜人和车停留。此类型的停车场还可兼作一般绿地，不停车时，人们可进入休息。

停车场内绿地的主要功能是防止暴晒、保护车辆、净化空气、减少公害。绿地应有利于汽车集散、人车分离、保证安全且不影响夜间的照明效果。

停车场内绿地布置可双排背对车位布置，并间隔种植干直、冠大、叶茂的乔木。树木分枝点的高度应满足车辆净高要求。停车位最小净高：微型和小型汽车为 2.5 m，大型和中型客车为 3.5 m，载货汽车为 4.5 m。

绿化带有条形、方形和圆形等三种：条形绿化带宽度为 2.0 m，方形树池边长为

1.5 ~ 2.0 m，圆形树池直径为 1.5 ~ 2.0 m。树木株距应满足车位、通道、转弯、回车半径的要求，一般 5 ~ 6 m。在树间可安排灯柱。由于停车场地面为大面积铺装，使得地面反射光强，同时由于土壤缺水及汽车排放的废气等因素不利于树木生长，因此应选择能在恶劣环境生长的树种，并应适当加高树池（带）的高度，增设保护设施，以免汽车撞伤或汽车漏油流入土壤中，影响树木生长。

3. 建筑物前广场兼停车场

建筑前广场包括基础绿地、前庭绿地和部分行道树。利用建筑物前广场停放的车辆，在广场边缘种植常绿树、乔木、绿篱、灌木、花带、草坪等，还可和行道树绿化带结合在一起，既美化街景、衬托建筑物又利于保护车辆、驾驶员及过往行人，但汽车启动噪声和排放的气体对周围环境有污染。也有将广场的一部分用绿篱或栏杆围起来，辟为专用停车场，有固定出入口并有专人管理。此外，应充分利用广场内边角空地进行绿化，增加绿化量。

4. 自行车停车场的设置与绿化

应结合道路、广场和公共建筑的布置，划定专门用地进行合理安排。一般为露天设置，可加盖雨棚。自行车停车场出入口不应少于两个。出入口宽度应满足两辆车同时推行进出，一般宽度为 2.5 ~ 3.5 m。场内停车区应分组安排，每组长度以 16 ~ 20 m。自行车停车场应充分利用树木遮阴防晒。庇荫乔木枝下净高应大于 2.2 m。地面尽可能为硬质材料铺装，减少泥沙、灰尘对环境污染。有些市利用立交桥下涵洞开辟自行车停车场，既解决了自行车防晒避雨问题，又在一定程度上缓解了人行道拥挤的问题，深受市民欢迎。

第五章　居住区绿化设计

第一节　居住区绿化的作用

居住小区景观环境的优劣已成为居民选择住房的重要标准之一。居住区绿化是城市绿化的重要组成部分。居住区绿化对改善居民的生活环境质量,促进居民的身心健康起着至关重要的作用,同时它也是精神文明建设的一项重要内容。加强居住区绿化建设,首要的任务是做好规划设计,注重绿地、小品、水体等景观元素的建设。

绿地及种植植物具有以下功能:①遮阳,在路旁、庭院及房屋两侧种植,在炎热季节里可以遮阴,可以降低太阳辐射热。②防尘,地面因绿化罹盖、黄土不裸露,可以防止尘土飞扬。③防风,迎着冬季的主导风向,种植密集的乔灌木能够防止寒风侵袭。④防声,为减少工厂、交通噪声,在沿广、沿街的一侧进行绿化。⑤降温,夏季可以降低空气温度,例如草地上温度比沥青路上空气温度低2℃~3℃。⑥防灾,绿地的空间可作为城市救灾时备用地。

居住区绿化设计涉及三个主要部分:生态设计、功能设计、造景设计。

一、生态设计

居住区绿地是城市园林绿化系统的一个重要组成部分,运用生态学原理进行居住区绿地设计是园林设计者面临的一个新课题。[①]

(一)研究和学习生态园林观点是搞好居住区绿地设计的先决条件

生态园林是根据植物共生、循环、生态位、竞争、植物群落、生态学、植物景观作用等生态学原理,因地制宜地将乔木、灌木、藤本、草本植物相互配置在一个植物群落中,使景观有层次、厚度、色彩,使具有不同生物学特性的植物各得其所,从而充分利用阳光、空气、土地、肥力,实行集约管理,构成一个和谐、有序、稳定、壮观而能长期共存的复层混交的立体植物群落。在居住区绿地设计中,运用生态园林的观点能改善和保护居住环境,使居住区绿地发挥更好的生态效益。

(二)努力提高居住区绿地的绿地率和绿视率

在居住区内,不透水的部分(道路、建筑广场)比例较大,而绿地面积较少,设计时应合理分配园林诸要素(植物、道路、建筑、山石、水体)的比例关系,重

[①] 张晓辉. 对城市居住区环境设计现状的反思 [M]. 长春:东北师范大学出版社,2017.

点突出植物造景的同时应充分运用植物覆盖所有可以覆盖的黄土，努力提高单位面积的绿地率和绿视率。如同样是道路地面，石板嵌草道路地面要比石板水泥铺装的道路地面好；同样是休憩功能的建筑小品，花架要比亭子更能提高绿视率；同样是景墙，栽攀援植物的透空景墙要比装饰实墙更能发挥生态效益。

（三）努力提高居住区绿地单位面积的叶面积系数

植物吸收太阳能，把无机物合成为有机物，进行光合作用，单位面积的叶面积系数越大越能够提高植物的光合作用率。运用生态园林原理，设计多层种植结构，乔木下加栽耐阴的灌木和地被植物，构成复层混交的人工植物群落，以得到更多的叶面积总和。复层混交的自然林植物群落是一种很值得模拟的景观模式，在居住区绿化设计有条件的地方尤其是中心绿地，应该尽量体现这种景观。但是这种复层混交的自然林植物群落，特别是高大的常绿乔木，不宜布置在居住建筑的南向，因为光线、风、阳光都会被挡住，形成闷热、阴暗的环境。

（四）园林植物生态习性应与栽植立地条件相一致

园林植物生态习性应与栽植的立地条件相一致，这是生态园林的基础，也是园林植物发挥生态效益的基础。如果不按植物的生态习性进行种植，必然使植物生长不良，有的勉强存活但生长势弱，有的该开花而不开花，大大影响景观效益和生态效益的发挥。在居住区绿地中由于居住建筑的影响，形成植物栽植的光照不同。阳光充足处应该选择喜阳树种，阴暗处应选择耐阴树种，并注意生活设施的影响，地下管线多的地方（上水、下水、天然气），应选择浅根或矮小树种，或者设法避开。由建筑工地而形成的植物栽植地土质较差，应选择生长较粗放、耐瘠薄的树种。当然，换土后也可以种植对土壤要求较高的树种。还应考虑不同地域、不同气候条件对室外小环境设计的特殊要求，如我国南方地区气候湿润多雨，而北方一些地区干旱少雨、风沙较大、冬季寒冷。这样，在室外小环境设计上，特别是在绿化及水体的配置上就应有所区别，不能一概而论。另外，在居住小区环境建设中，还应做到科学决策，科学设计，而不能人为地破坏城市生态环境和人文景观。总之，居住区绿地设计应该注意适地适树，努力做到园林植物生态习性与栽植地立地条件相一致。

二、功能设计

由于居住区建筑与人口十分密集，车辆和行人也很多，给生态环境带来许多不利因素。同时，在居住区绿地活动的老年人和学龄儿童较多，他们需要一个优美宁静的室外活动和休息的环境。因此，在居住区绿地设计中，应细心研究居民的生活特点和行为规律，掌握影响居民生活环境的不利因素，了解园林绿化可能产生的功能效益，熟悉各种园林植物可以利用的特点。如在居住区主干道两旁种植成行的行道树，可以起到遮阳和导向作用，在住宅的西面布置高大落叶乔木，可减少夏天西晒的强度；在居住区的沿街部位密植针叶树，能减少汽车的噪声污染。大面积的地被植物能降低地表温度，避免尘土飞扬。中心绿地设置一定面积的小广场及一定数量的休息设施，如居民休闲、娱乐、健身、交流的户外活动中心地区，以满足居民的日常户外社交的需要。作为小区内的开放性空间，通过绿化、硬地、无障碍设施、游乐设施、休息设施、雕塑、小品、水体、照明设施、果皮箱的设置，为居民营造良好的、人性化的室外小环境。可满足居民的休息、生活的需要。高质量的植物景观和观赏小品能满足居民的观赏要求。在居住区绿地设计中强化功能意识也是设计工作中重要的一环。

三、造景设计

随着居民生活水平的不断提高，文化生活的要求也越来越高，欣赏水平和艺术修养更有不同程度的提高。为此，如何在居住区绿地中营造一种美的意境也是设计者应该追求的目标。

（一）意境创造

1. 意境应该与居住区的命名有联系

每个居住区都有自己的名字，一个耐人寻味的名字能为我们设计居住区绿地的意境提供良好的想象空间，而居住区绿地意境的体现又为居住区扩大了影响范围。

2. 意境的体现应该是含蓄而具体的

居住区绿地中创作的意境应该是从居民小憩、游览过程中领悟和感受出来的。要体现景观的美好意境，就必须通过植物、山石、建筑、道路、水体等园林物质要素加以表现。

3. 丰富居住区艺术面貌

住宅建筑的艺术处理影响到整个居住区的面貌。但是，即使是单调、呆板的建筑群，在绿化之后，也能显得生动起来。

首先，绿化使居住环境绿荫如盖、万紫千红，使没有生命的建筑群富有浓厚、亲切的生活气息。其次，绿化可以丰富街坊的景观空间、增加景观层次。树木的高低、树冠的大小，树形的千姿百态、四季色彩的变换等都能使居住环境增加层次、加深空间感。再次，绿化能美化建筑物。几何形状的建筑物，如有婀娜多姿的树木衬托，就可打破建筑线条的平直与单调，使建筑群显得生动活泼且轮廓线柔和丰富。最后，绿化还可联系居住区内的各个单体建筑物使之连成为一个完整的布局。此外，在我国南北都有用十分丰富的爬蔓植物来装饰建筑物，效果也十分理想。

（二）分隔空间、组织庭院

居住区是一个较为完整的生活环境，它要求具有该地区居民日常生活所必需的各种设施和配套建筑，除居住建筑外还应有公共建筑，如商店、小学、托儿所、幼儿园、健身房、车库等。这些建筑物依据其不同的功能需要划出一定的范围，用道路、围墙或绿化带加以分隔，在许多情况下还需要借助各种植物，将其配置成绿篱、花篱等，再对空间进行分隔从而形成不同功能的小空间。儿童活动场地常常用浓密的绿篱、花灌木分隔以保证儿童的安全，同时也可降低噪声对居民的干扰。

用绿化分隔空间的另一作用是防止前后两栋住宅之间的视线干扰。当房屋间距比较小时，作用尤为明显，特别是夏季闷热时需要开窗，如窗外绿树成荫就可遮挡对面住户的视线。

（三）构图合理

居住区中心绿地的设计，其构图不同于其他绿地，这是由居民绿地的特殊功能和特殊环境决定的。

最关键的是应满足居民的使用功能。居住区中心绿地不仅是居民户外活动、小憩的场所，而且还是居民交通穿越的中心点。因此，在中心绿地构图时必须了解居民的穿越线路，方便居民活动。

居住区中心绿地，其服务对象主要是老人与儿童。因此在设计时，要以老人和儿童的活动要求为主要的依据。老人活动场地应该是一个封闭、安静、向阳、朝南的环境，休息设施的布置应以聚合为主，便于老人相互交谈。儿童活动场所应开敞、活泼且有一定活动场地，活动设施应设置在软质地坪上（草坪、沙坑），使儿童有一个安全舒适的活动环境。在中央活动区，应设置供老人及残疾人休息、交往的设施、场地。

第二节 居住区环境设计原则

一、整体性

从设计的行为特征来看，环境设计是一种强调环境整体效果的艺术。居住区环境是由各种室外建筑的构建、材料、色彩、周围的绿化和景观小品等各种要素构成的。一个完整的环境设计不仅可以充分体现构成环境的各种物质的性质，还可以在这个基础上形成统一而完美的整体效果。

二、多元性

居住区环境设计的多元性是指环境设计中将人文、历史、风情、地域、技术等多种元素与景观环境相融合的一种特征。这种丰富多元的景观形态使居住区环境体现了更多的内涵和神韵。典雅与现代、简约与精致、理性与浪漫，只有多元的城市居住区环境才能让整个城市的环境更为丰富多彩，才能让居民对住宅有更大的选择空间。

三、人文性

环境设计的人文性特征，表现在室外空间的环境应与使用者的文化层次和地区的文化特征相适应，并满足人们物质与精神的各种需求。只有如此，才能形成一个充满人文氛围的环境空间。我国从南到北自然气候迥异，各民族生活方式各具特色，居住环境千差万别。因此居住区空间环境的人文特性非常明显，这种差异性是极其丰富的环境设计资源。

四、艺术性

艺术性是环境设计的主要特征之一。居住区环境设计中的所有内容都以满足功能为基本要求。其功能包括使用功能和观赏功能，二者缺一不可。室外空间包含有形空间与无形空间两部分内容。有形空间包含形体、材质、色彩、景观等，它的艺术特征一般表现为建筑环境中对称与均衡、对比与统一、比例与尺度、节奏与韵律等。而无形空间的艺术特征是指室外空间给人带来的流畅、自然、舒适、协调的感受与各种精神需求的满足。二者全面体现才是环境设计的完美境界。[①]

五、科技性

居住区室外空间的创造是一门艺术也是一门工程技术性的科学。空间组织手段的实现必须依赖技术手段，依靠对于材料、工艺和各种技术的科学运用才能更好实现设计意图。这里所说的科技性元素包括结构、材料、工艺、施工设备、光学、声学、环保等方面。现代社会中，人们的居住要求趋向于高档、舒适、快捷、安全。因此，在居住区室外环境设计中增添一些具有高科技含量的设计，如智能化的小区管理系统、电子监控系统、智能化生活服务网络系统、现代化通信技术等，能使环境设计的内容不断地充实和更新。

---

① 魏吕英.新中式居住区园林绿化设计的探讨——以厦门某居住区为例 [J]. 居业，2021（12）：22-23.

第三节 居住区绿地的规划设计

一、居住区绿地种类

（一）公共花园

在居住区内依据居住区的规划布局、地形、绿地现状以及周围的城市绿地等条件，设置中心的绿地，形成几百至几万平方米的公共花园。在这块中心绿地的花园内，除了栽植树木花草外，还可根据用地大小分为居住区公园、小游园、居住生活单元组团绿地，同时可在这几类园中设置人文娱乐活动室、儿童游戏场、坐椅、花坛、厕所等设施。居住区公共绿地集中反映了小区的品质，一般要求设计者有较高的规划设计水平和一定的艺术修养。

（二）宅旁绿化

分布于住宅前后左右的用地，是居民区最经常使用的一种绿地形式，尤其适宜于学龄前儿童和老人。[①]

（三）公共建筑绿地

是指在居住区内的托儿所、幼儿园、小学、商店、医院等地段的绿地。这些绿地与居住建筑的绿化不同，因为各种公共建筑具有不同功能的要求。

（四）居住区道路绿地

一般指在道路红线以内的绿地。居住区道路分为主路、支路和小路三种。主路是贯穿居住区的骨干路，红线一般宽 20 ~ 30 m，车道 6 ~ 8 m 左右，有一定的绿地面积；支路为居住区内部各住宅组群之间联系的道路，红线一般宽 10 ~ 20 m 左右，车道 3 m 左右，两旁多数只种植 1 ~ 2 行行道树；小路是通向住宅入口的道路，一般宽 1.5 m，两旁可结合宅旁庭院种一行行道树。具有遮阴、防护、丰富道路景观等功能。

（五）临街绿地

临城市干道的居住区，一般噪声及灰尘的污染都较大，需设绿地加以防护。这种绿地往往在城市干道的红线以内，属城市道路用地，但从绿地的景观功能而言，应与居住区绿地规划统一考虑。

---

① 宫思羽，徐园园，李梦瑜，等.城市不同居住区绿地生态效应评估 [J]. 北方园艺，2021（07）：81−87.

（六）专用绿地

各类公共建筑和公共设施四周的绿地称为专用绿地，例如俱乐部、幼儿园、小学、商店等建筑周围的绿地，除此之外还有其他块状观赏绿地等。

（七）其他绿地

包括居住区住宅建筑内外的植物栽植，一般出现在阳台、窗台、建筑墙面和屋顶等处，在新兴的现代化小区中还在公共活动的会堂等处，形成颇为壮观的室内绿化景观。

（八）别墅区绿地

别墅作为高档住宅，其室外小环境设计更应体现出以人为本的设计理念，应以树木、花卉为主，体现浓郁的自然气息。结合小品、水体、山石的布局，营造出人工建筑同自然环境有机融合以及形态上表现出一种超自然的美感。建筑应该尊重周围环境，环境也应为建筑增色，二者相辅相成、相得益彰。室外小环境与别墅的大环境是一个整体，缺一不可。

二、居住区绿地植物配量原则

园林植物配置是将园林植物等绿地材料进行有机的组合，以满足不同功能和艺术要求，创造丰富的园林景观。合理的植物配置既要考虑到植物的生态条件，又要考虑到它的观赏特性；既要考虑到植物的自身美又要考虑到植物之间的组合美以及植物与环境的协调美，还要考虑到具体地点的具体条件。正确地选择树种，加上合理的配置，将会充分发挥植物的生物特性为园林增色。

应根据居住区的位置地形、环境条件、居住对象、特殊要求等确定乔木与灌木、常绿树与落叶树、铺装地与草地的配置比例，然后根据绿地的不同功能以及用地的土壤、周围环境、住户的习惯与爱好等进行植物配置，以此作为绿化施工的依据。

（一）居住区植物的功能要求

1. 满足卫生功能要求

为调节小气候，应选择生长迅速、枝叶浓密的高大乔木；为减少灰尘、过滤空气，应选择叶片密集、有绒毛、表面多皱纹或油脂的树木；为隔声减噪，应选择枝叶密实、分枝点低的树种等等。总之，居住区的树种应以乔木为主，适当配置常绿树及花灌木并适当铺植草坪和地被植物。

2. 体现与城市绿地不同的特色

居住环境要求具有亲切的生活气息。树木花草的干、枝、叶、花、果能创造一种富有生机的物候环境，能给人们的精神生活带来极大的感染力。因此居住区绿化的树种选择要和城市街路有所不同，至少不要选用和附近街路相同的行道树种，人们从城市街路进入居住区时，应首先从绿化效果上感觉到环境的变化。

3. **按自然环境和条件选用乡土树种**

按照地形、土壤、气候、环境等不同条件，以选用乡土树种为主。要选择耐性、抗性都较强、病虫害少而易于管理的树种。同时居住区的地形多种多样，要选择那些适应性强的乡土树种。

4. **选用适宜的草皮**

选用攀援植物和地被植物，尤其是耐阴的地被植物。如果居住建筑密度较大，为了扩大绿化面积，应多种攀援植物，发展垂直绿化。

5. **适当增加常绿和开花的树种**

在居住区里，为了保持冬季的景致，应适当增加常绿树的比例。在居住区的绿地中也要适当栽植花木，才能使环境显得更有生气。

6. **因地制宜选用结合生产的树种**

结合居住区各种绿地的主要功能，可以种植用材、药材、香花以及瓜果桑茶等有经济价值的植物。

（二）树种的选择

树种选择的目的是更全面而充分发挥绿化多种功能，并使居住区绿化具有不同于其他绿地的特色。选择树种的原则有如下几方面。

1. **乔、灌木结合**

常绿植物和落叶植物以及速生植物和慢生植物结合，适当地配植和点缀花卉草坪。在树种的搭配上既要满足生物学特性又要考虑绿化景观效果，创造出安静且优美的环境。

2. **植物种类**

不宜繁多，但也要避免单调，更不能配置雷同，要达到多样统一。儿童活动场地要通过少量不同树种的变化，使儿童能够辨认场地和道路。

3. **空间处理**

居住区除了中心绿地外，其他大部分绿地都分布在住宅前后，其布局大都以行列式为主，形成了平行、等距的绿地，狭长空间的感觉非常强烈。植物配置时，可以充分利用植物的不同组合，形成大小不同的空间。另外，植物与植物组合时应避免空间的琐碎，力求形成整体效果。

4. **线形变化**

由于居住区绿地内平行的直线条较多，如道路、绿地侧面、围墙、居住建筑等，因此植物配置时可以利用植物林缘线的曲折变化及林冠线的起伏变化等手法，使平行的直线与曲线搭配。突出林缘线曲折变化的手法有：花灌木边绦栽植。如绣线菊、连翘、女贞、迎春、火棘、郁李、贴梗海棠等植物密栽，使之形成一条曲折变化的曲线；孤植球类栽植。在绿地边缘点缀几组孤植球，增加林缘线的曲折变化。突出林冠线起伏变化的手法有：利用尖塔形植物，如水杉、青扦、落羽杉、云杉、龙柏等，此类植物构成林冠线的起伏变化较强烈，节奏感较强；利用地形变化，使高低差不多的植物也有相应林冠线起伏变化，这种变化较柔和，节奏感缓慢；利用不同高度的植物的不同树冠构成的林冠线起伏变化，一般节奏感适中。

5. 标志栽植

居住建筑在造型上类似，色彩变化也不大，而且建筑的布局行列较多，故识别性较差。在植物配置时，可以利用植物的不同类型、不同的组合，使景观成为一种标志。

居住建筑出入口两侧。对植不同的植物品种，这些不同的植物品种在外观上差异应该是较大的而且居民大都比较熟悉的。对植不同造型的植物，这些不同造型的植物主要是利用某些耐修剪的植物辅以一种特定的造型，如圆柱形、圆球形、方形、宝塔形等，使之产生一种标志感。以上三种方式，在同一个居住小区范围内，宜选用一种方式为好，这样产生的标志性强烈。如果一个居住小范围内三种方式混合使用，景观标志性反而不强，易产生杂乱之感。

居住小道两侧。由于居住小道两侧空间开阔，绿地面积较大，除了利用上面三种植物配置方式产生标志性外，还可以利用雕塑小品产生标志感，如利用不同色彩几何体的装饰小品产生标志性，利用不同类型的装饰景墙产生标志性，利用不同动物形状的装饰小品产生标志性等。

6. 季相变化

居住区是居民一年四季生活、休憩的环境。植物配置应该有四季的季相变化，使之与居民春夏秋冬的生活环境同步。但居住区绿地不同于公园绿地，面积较小，而且单块绿地面积更小，如果在一小块绿地中要体现四季变化，势必会显得杂乱、繁琐。如果每一个绿地中都体现四季变化，那么整个居住区绿地则没有主次、没有特色。为解决这一矛盾，可以遵循以下五条原则。

第一，一个居住区内应该注意一年四季的变化，使之春季繁花吐艳，夏季绿荫暗香，秋季霜叶似火，冬季翠绿常绿。

第二，一个片（几幢居住建筑）应该以突出某个季节景色为主，或春，或夏，或秋，或冬。

第三，一个条（单幢居住建筑前后）应该以突出某个季节的某种植物为主，这也是绿地特色的最好体现。如以春天的白玉兰、山杏为主，夏天的石榴为主，秋天的白桦、五角枫为主，冬天的腊梅为主。

第四，基调树种的统一，一个居住区绿地通过行道树和背景基调树统一，使小区景观在变化中有一种和谐的美感。基调树比较理想的种植方式是：背景树选择以常绿树为主，如珊瑚、桧柏、云杉等，而行道树选择以落叶树为主，如合欢、梓树等。

在种植设计中，充分利用植物的观赏特性进行色彩的组合与协调，通过植物叶、花、果、枝条和树皮等显示的色彩在一年四季中的变化为依据来布置植物，创造季相景观。

第五，块面效果。植物与植物搭配时，根据生态园林的观点，不仅要有上层、中层、下层植物，而且要有地被植物，形成一个饱满的植物群落。这一群落的每一种植物必须达到一定的数量，形成一个块面效果。植物的种类不宜过多，而开花、矮小、耐修剪的花灌木应占较大的比例。如木绣球、黄刺梅、六月雪、贴梗海棠、重瓣榆叶梅等。但不能盲目追求块面效果而不顾植物生长规律和工程造价，导致植物生长不良和资金浪费。运用生态园林的观点，满足居住区的功能要求，创造优美的居住生活环境，这是设计者追求的目标，然而这一设计思想的体现和保持，还需借助于合理精心的施工和长期良好的养护。如何使设计思想在施工过程中充分、准确地体现出来，如何使设计思想能长期稳定地保持下去，还有待进一步的探讨和研究。

在栽植上，除了需要行列栽植外，一般都要避免等距离的栽植，可采用孤植、对植、丛植等，适当运用对景、框景等造园手法以及装饰性绿地和开放性绿地相结合的方式，创造出丰富而自然的绿地景观。

三、宅旁绿地设计

宅旁绿地是离居民住宅最近的绿地，其调节小气候的功能可直接被居民感受到，特别是宅旁绿地还具有装饰和美化建筑物以及杂物院的功能。宅旁绿地设计的好坏将直接影响到居民的工作、学习、生活与休息，是居民区绿化中一个需要认真探讨的问题。我国居住区庭院绿化反映了居民的不同爱好与生活习惯，在不同的地理气候、传统习惯与环境条件下，出现不同的绿化类型。宅旁绿地大致分为如下几种类型。

（一）树林型

在宅间用地上栽植高大乔木形成疏林。这是一种比较简单、粗放的方式，也是作为先绿化后美化的一种过渡形式，它对调节小气候的作用还是很大的。但由于缺少花灌木和花草配置，绿化效果较为单调，需通过配置不同树种，如用快长树与慢长树、常绿树与落叶树、不同季相色彩的树、不同树形的树等进行配置，以丰富绿地景观层次和效果。

（二）花园型

在宅间用地上，圈出一定的范围，在其中以各种树木花草布置成规则或自然式的小花园。规划师布置的花园型宅园绿地，采用密植的种植方式，起到了隔声、防尘、遮挡两栋住宅之间耀眼光线和美化环境等多种作用。自然式小花园将中间部分留作儿童活动场地，效果甚佳。小花园根据主要功能的不同分为封闭式花园和开放式花园两种形式。

（三）篱笆型

在住宅前后用常绿的或开花的植物，组成密实的篱笆，围成院落的一种形式。大体上用三种类型的植物作篱笆。

1. 绿篱

以绿篱为主的宅间绿地，整齐美观。绿篱的高度与厚度可根据住户生活的需要及周围环境条件，选择适宜的树种，可种单行或双行，绿篱能自由修剪，可高可低，比较灵活。如用高约 1 m 的榆树围成绿地，形成一条绿色走廊，既安静又美观。横向的绿篱与垂直的建筑物，在形态上和色彩上都互相起着对比、衬托的作用，增加了居住环境的美观性。但绿篱的修剪比较费工，应根据不同情况布置。

2. 竹篱

我国竹子品种十分丰富，主要生长于南方各省。竹材在建筑及日常生活中应用十分普遍，在居住区，常见各种形式的竹篱，作装饰和分隔庭院用。

3. 花篱

在篱笆旁边栽种爬蔓或直立的开花植物形成花篱。如南方的扶桑、栀子等。

篱笆型的宅间绿地，主要突出了篱笆，除注意选用合适的开花植物外，还要注意篱笆或栏杆的造型、纹样、布置形式以及庭院内外树木花草的配置，还需要注意与宅间小道、支路行道树的距离等等。在篱笆内一般还应种遮阴大树、花草或瓜豆之类，因此篱笆的高度应以 1 ~ 1.5 m 较合适。

4. 棚架型

在一些没有庭院且住房外门正对道路的住户，常常在门前搭棚架，种植各种爬蔓植物，作为入门的缓冲绿地。

（四）庭院型

在绿化的基础上，适当设置园林小品，如花架、山石、水景、雕塑等。

（五）园艺型

根据居民的爱好，在庭院绿地中种植果树、药材，一方面绿化，另一方面生产果品、药材，供居民享受田园乐趣。此类型一般种些管理粗放的果树，如枣、石榴、海棠果、山梨等。

总之，宅间绿地要根据我国南北方不同的气候条件、生活习惯、树种的习性和形态以及住户的经济条件与爱好，因地制宜地进行绿化布置。在同一个居住区的宅间绿地，可以采用大同小异的设计形式，做到既统一风格，又各具特色、丰富多彩。

四、住宅建筑局部的绿化

由于攀援植物和盆栽植物在艺术和管理上的一些优势，因此在居住区里，特别是在住宅建筑局部及其周围环境中被广泛采用。

攀援植物应用于窗台、阳台、墙面，对降低夏季高温、防止西晒效果显著。与围墙、篱笆结合可起分隔庭院的作用，并可形成绿色屏障或背景，对建筑物起衬托作用，还可隐蔽厕所、晒衣场，垃圾场或建筑设计上的某些缺陷。棚架绿化既可纳凉又有收益。同时攀援植物的苗木（扦插）较易成活，生长迅速，短期内能发挥其景观作用，养护管理也比较方便；特别是由于它占地较少却扩大了绿化面积，在居住区绿地不足的情况下显示出很大的优越性。盆栽的运用则更为灵活，不仅可加强室内外的绿化气氛，还可为二层以上的住户创造更多的绿色景观，因此，这种绿化形式受到居民群众的普遍喜爱，是改善和美化居住环境的一个重要方式。

（一）入口和围墙的绿化

居住小区入口环境对居民和小区的形象来说都至关重要。入口部分的环境设计应考虑场地条件，既要交通方便，便于出入，还要做好入口的标志设计，便于识别。居住区或住宅的入口，一般都采用围墙或篱笆，如结合攀援植物进行绿化，往往使人感觉生动活泼和富有生命力。

（二）窗台和阳台的绿化

窗台和阳台是攀援植物运用最普遍的地方，特别是在多层与高层建筑上，这种绿化方式采用得最多。在用地紧张的大城市，住宅的层数不断增多，使住户远离地面，人们在心理上，因为与大自然隔离而感到失落，人们渴望借助阳台、窗台的狭小空间创造与自然亲近的感觉。因此阳台与窗台的绿化越来越受到人们的重视，其中攀援植物的装饰作用显得尤为突出。生活的需要加以民众的创造使我国居住区内住宅窗台和阳台的绿化方式多种多样，既增加家庭生活乐趣又对建筑立面与街景起装饰美化作用。

1. 窗前设花坛

为了避免行人临窗而过或小孩在窗前打闹玩耍，最常见的办法是在窗台下设置花坛，宽约 2 m 以上，使人们不能靠近窗前。

2. 窗前立花竿或花屏

在比较安静的居住区，窗前绿化可采用一种最简便的垂直绿化方法，即用几根竹竿，插入地下，使之固定，竹竿交错，构成一定的图形，然后种下攀援植物。当花盛开时，在窗前形成一个直立疏朗的花屏。这种做法要注意花屏的形式与窗台的大小、高低之间的协调。

3. 窗台绿化材料

可用于窗台绿化的材料较为丰富，有常绿的、落叶的，有多年生的和一二年生的，有木本、草本和藤本。根据窗台的朝向等自然条件和住户的爱好加以选择，适合的植物种类和品种。有的需要有季节变化，可选择春天开花的球茎，如风信子，然后夏秋换成秋海棠、天竺葵、半枝莲、福禄考等，使窗台繁花似锦、五彩缤纷，这些植物材料也适用于阳台绿化。

4. 植物配置方式

有的采用单一种类的栽培方式，以一种植物绿化多层住宅的窗台，有的采用常绿与落叶，观叶与观花的植物相配置，使窗台的绿化植物相映生辉，如在窗台上种常春藤、秋海棠、天竺葵等，植物形态各异、色彩丰富、姿态秀丽、花香袭人。

5. 窗外用绿篱环绕

在窗前沿小路设置低矮绿篱，既不影响采光又整齐美观。

6. 窗前设棚架

在窗前适当位置支架荫棚栽种多年生藤本植物，这是最常运用的一种垂直绿化方法，效果很好。

7. 窗台上摆设盆花

利用盆花装饰和绿化窗台、阳台、墙角等是最常见的一种美化方式。在窗台、阳台上摆设盆花时，特别是二层以上的住户，要防止花盆掉下来伤人。有些住宅设计，把阳台栏杆的扶手设计成"L"形的断面用来放置花盆，或统一设计花盆的底托，既可保证安全又可防止浇花时的水弄脏了楼下邻居晾晒的衣服。

8. 阳台边缘设花池

在住宅设计时，有的住宅将二层以上住户阳台的边缘栏杆设花池，宽仅 15～20 cm，深 20 cm，栽植一年生或多年生的各种花卉。

总之，窗台和阳台的绿化，形式多样、内容丰富，对居民的生活和住宅区的面貌影响很大。

（三）屋顶和屋角的绿化

住宅的屋顶绿化多见于低层平房，特别是独院住宅。但在屋顶上，宜选用枝叶较轻的植物，如在平房种植瓜豆，将其牵引至屋顶，也别具风格。

如果在屋顶上摆设盆栽，这种方式则更为灵活。如有的小区在屋顶花园上摆了二百多盆果树，如葡萄、苹果、梨等，被人们称为"空中果园"。这个例子说明居住区绿化不仅方式多种多样而且还能结合植物的生产创造一定收益。

（四）棚架绿化

架设棚架进行垂直绿化在居住区绿化设计中是很普遍的一种绿化方式，但这种绿化方式的占地面积较多，所以这种绿化方式在旧式平房的庭院中应用较多。

棚架绿化的植物材料种类很多，常见的有葡萄、藤萝、木香、蔷薇以及瓜果蔬菜和药用植物等。棚架绿化能遮阴纳凉、美化庭院并产生一定的经济价值。棚架的大小、方向和高度等都要因地制宜，适合于住宅庭院的使用要求。棚架与住宅建筑一般可保持 3 m 以上的距离，以免影响室内采光和一些昆虫飞入室内。

（五）墙面绿化

为了减轻墙面的热量或弥补建筑外观的缺点，可用攀援植物将建筑物的整个墙面或局部绿化起来，使之成为有生气的绿墙。

运用攀援植物绿化墙面具有以下优点：①占地少而绿化的面积大；②降低墙面及室内温度；③减少灰尘，保持环境清洁；④与篱笆栅栏、栏杆结合分隔庭院；⑤装饰建筑及建筑小品，弥补建筑设计上的缺憾，丰富建筑色彩；⑥适应于各种绿化环境，受多层住宅的住户的欢迎；⑦容易繁殖、管养方便、易成活、生长快。在我国南方和北方应用十分广泛，是值得大力提倡的一种绿化方式。⑧墙面朝向不同，适宜采用的植物材料不同。一般来说，朝南和朝东的墙面光照较充足，而朝北和朝西的光照较少，还有的住宅墙面之间距离较近，光照不足，因此要根据具体条件选择与光照等生态因素，选择相适合的植物材料。在不同地区，不同朝向的墙面所适用的植物材料不完全相同，要因地制宜地选择植物材料。

（六）草皮的运用

草皮是居住区地面绿化的一种植物材料。草皮可使居住区有一个凉爽的环境，草皮和地被植物的运用，将逐步在居住区绿化设计中普遍起来。

居住区的公共花园和楼间绿地可用草皮和地被植物加以种植覆盖。大树底下可种植耐阴或耐瘠薄的地被植物，如玉簪、留兰香、马蹄莲等都给人以十分安适和舒畅的感觉。

参考文献

[1] 陈霞. 市政道路绿化景观设计探讨 [J]. 现代农业研究，2021，27（07）：88-89.

[2] 徐艳芳. 城市居住小区绿化设计理念 [J]. 农业开发与装备，2018（07）：141.

[3] 何文芳. 节约型园林绿化建设与养护管理探讨 [J]. 绿色科技，2012（1）：58-60.

[4] 郑立平. 市政道路绿化种植土改良技术研究 [J]. 交通世界，2021（07）：151-152.

[5] 商烨青. 市政道路绿化工作的不足及优化 [J]. 交通世界，2021（Z2）：207-208.

[6] 祝遵凌，芦建国，胡海波. 道路绿化技术研究 [M]. 北京：中国林业出版社，2013.

[7] 熊小梦. 如何保护植物 [DB/OL]. （2022-01-22）[2022-03-27].https：//www.facaishur.com/zhishi/75932.
html.

[8] 秦仲义. 苗木施肥要点，附施肥注意事项 [DB/OL]. （2021-08-01）[2022-04-01].https：//www.nonggan.
com/a/15936.html.

[9] 苗木雨水灾害防治措施 [DB/OL]. （2014-01-15）[2022-04-10].http：//www.hm160.cn/20141/152790548.
html.

[10] 园林苗木的整形与修剪 [DB/OL]. （2017-07-04）[2022-04-17].https：//www.zhiwuwang.com/news/132030.
html.

[11] 草坪草种类及栽培技术 [DB/OL]. （2021-03-31）[2022-04-23].https：//www.my478.com/yuan-
lin/20210831/139375.html.

[12] 园林苗木在生长周期中的需水规律 [DB/OL]. （2017-09-17）[2022-04-23].https：//www.zhiwu-
wang.com/news/47372.html.

[13] 园林绿化工程养护管理技术 [DB/OL]. （2017-08-19）[2022-05-03].http：//yuanlin.civilcn.com/
yllw/gcsj/1503124251330959.html.

[14] 树木栽植前的整地包括哪些内容 [DB/OL]. （2010-04-02）[2022-05-15].https：//www.yuanlin8.
com/plants/2513.html.

[15] 园林绿化大树移栽保活关键技术 [DB/OL]. （2019-04-22）[2022-05-15].https：//www.my478.
com/html/20190422/203615.html.

[16] 夏季苗木的移植方法以及移栽后管理要点 [DB/OL]. （2021-01-09）[2022-05-17].https：//www.
my478.com/baike/20210109/74179.html.

[17] 市政道路景观绿化施工 [DB/OL]. （2017-08-07）[2022-05-18].http：//www.civilcn.com/yuanlin/
yllw/lvhua/1502089247327281.html.

[18] 栽前准备和苗木选择 [DB/OL]. （2019-07-31）[2022-05-22].http：//www.guonon.com/newe/931.

html.

[19] 城市园林植物的选择及栽培 [DB/OL].（2017-08-14）[2022-05-25].http：//yuanlin.civilcn.com/yllw/lvhua/1502701078329470.html.

[20] 裸根移植苗木你不得不知的注意事项 [DB/OL].（2021-06-17）[2022-05-30].http：//lyj.czs.gov.cn/lyjs/content_3293905.html.